你只是看起来很专注

写给年轻人的专注力训练课

张笑恒 编著

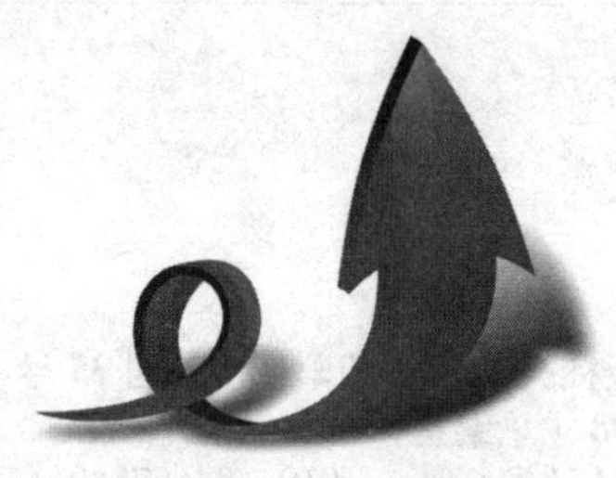

煤炭工业出版社

·北 京·

图书在版编目（CIP）数据

你只是看起来很专注：写给年轻人的专注力训练课/张笑恒编著. --北京：煤炭工业出版社，2016（2023.6 重印）

ISBN 978-7-5020-5281-2

Ⅰ.①你… Ⅱ.①张… Ⅲ.①注意—能力培养—青少年读物 Ⅳ.①B842.3-49

中国版本图书馆 CIP 数据核字（2016）第 081696 号

你只是看起来很专注

写给年轻人的专注力训练课

编　　著　张笑恒
责任编辑　马明仁
特约编辑　郭浩亮　汪　婷
特约监制　朱文平
封面设计　刘红刚

出版发行　煤炭工业出版社（北京市朝阳区芍药居 35 号　100029）
电　　话　010-84657898（总编室）
010-64018321（发行部）　010-84657880（读者服务部）
电子信箱　cciph612@126.com
网　　址　www.cciph.com.cn
印　　刷　三河市金泰源印务有限公司
经　　销　全国新华书店

开　　本　710mm×1000mm 1/16　**印张**　16　**字数**　220 千字
版　　次　2016 年 6 月第 1 版　2023 年 6 月第 3 次印刷
社内编号　8132　　**定价**　39.80 元

版权所有　违者必究

本书如有缺页、倒页、脱页等质量问题，本社负责调换，电话：010-84657880

前 言

生活中大多数人好像永远也忙不完似的！我们总是马不停蹄地忙完一件事又去忙另外一件，如同搭上了一列永不停歇的火车。这让人们常常困惑，为什么生活中会有如此大的压力。然而使你更加困惑的是，为什么你一直专注地过着自己的生活，却还是没有满意的成果？为什么你每天都很忙碌，却始终看不到停靠的终点？伫立在钢铁丛林间的你是否认真想过，你是真的在很专注地做事，或是，你只是看起来很专注？

这是一个让人无时无刻不在分心的时代，四通八达的互联网、各种智能手机APP、电子邮件、让人沉迷其中的游戏，每时每刻都在冲击着我们的大脑。不论你是企业家、商界人士、普通白领，抑或是求学阶段的学生，突然之间，你会感到，在这个互联网飞快发展的时代，你已经很难专注于做一件重要的事了。

如何从根本上改变自己？被誉为“情商之父”的心理学博士丹尼尔•戈尔曼曾说：“专注，它是驱使人们更加优秀的内在动力。”培养一种专注的习惯能够让你在忙碌的一天中偷得几时空闲，偶尔忘记压力。通过释放重压，放慢步调，你会变得更加高效、健康和快乐。

一个人取得成功背后的因素很多，有主观、客观等诸多方面的，可专注是必备的心态。专注是一种坚持不懈的精神，只要你做事专注，成功离你就不会远。人生有限，你无法在有限的时间中去做无限的事情，更不可能在每方面都取得成功。现实生活中，不乏聪明有才智之人，有的甚至智力超群，但是他们总是在做一件事时却想着另一件事。他们有太多的兴趣、欲望和想法，却唯独缺少专注精神。一个人，若想有所成就，就应培养自己专注的习惯，不管身边多么喧闹，静下神来，心无旁骛，专心处理好自己正在做的事情，才能把事情做好。

本书将会带你一步一步地经历这个过程：决定你真正想要的，找出过去失败的原因，弄清你时间利用中的干扰性因素（以及如何处理这些干扰），从而学会如何克服这些阻碍绝大多数人取得成功的因素。最后，本书将教会你怎样综合这些信息来做规划，日后在你为自己设立新的目标时，你可以重复运用这个规划来实现目标。本书中所揭示的方法会自然而然地成为你的习惯，并引导你到达成功。

书中的很多技巧都是非常实用的，这些技巧是在以往老旧的方法已经不再有效的基础上诞生的，尤其是对于“右脑型”人群而言。传统时间管理技巧是在工业时代发展初期出现的，这一时期的技巧主要是为了帮助人们在进行重复性劳作时能够更加有效率。在现今这种信息无处不在的环境下，运用这些过时的技巧只会造成在多项任务中手忙脚乱、四下救火的情形，结果只会是事倍功半。

如果你曾经尝试过那些传统的时间管理方法，结果发现这些方法非常耗时，对工作的局限性非常大，并且根本没什么效果，那很有可能你就是一位“右脑型”人才。如果你喜欢多样性且直觉很准，你喜欢迎接新的挑战但又讨厌陷入旧路，那么本书完全就是为你专门定制的。

也许你在工作中遇到了一个你认为无法短期内突破的“瓶颈期”，并且曾经听说过“瓶颈效应”，但你却不知道怎样在你的工作和个人生活中去打破这种效应，那么你将在第一章中就接触到这些内容。

你“专注”地做过很多事情，为什么到头来没有一件成功？第四章揭示了阻止绝大多数人实现目标的那些潜在的障碍。正是这些“拦路虎”使人们无法坚持去图书馆充电，摧毁了人们学习新语言或新技能的决心。你将会发现一个右脑适用策略，在困难每次出现时你都可以依靠这一策略克服困难。

很多时候，我们觉得很累，打不起精神去做一些事情；我们觉得很困，却在床上睡不着。其实，不是因为我们老了，而是因为我们没有合理地运用时间。我们的时间如此宝贵，为什么不去规划着用？很多所谓的休息时间，根本不该拿来蒙头大睡，而是应该拿去调整生活状态，让大脑放松。睡觉只是众多放松方式中的一种，它并不适用于所有的“疲劳”。在第八章“专注的快乐”中，你将接触到更多适合你的新鲜元素。

归根结底，专注力的类型可以划分为三种：内在专注，可以使你聆听内心发出的真实声音，做出更加明智的决策；对他人专注，则会让你与他人的关系更加和谐；外在专注，可以让你的心灵在星宇苍穹间展翼翱翔。一个人如果不关注内在就会与世浮沉，不关注他人就会进退维谷，不关注所处的大系统就会使自己画地为牢。现实中，我们只有同时掌握这三种专注力，生活才会更美好。

专注力的原理和我们的情商一样：使用不当就会退化，使用得当就会增强。在时代飞速发展的今天，要应对纷繁复杂的世界，甚至做到游刃有余，我们比任何时候都需要学会专注。

本书必将成为一部直击你心底、让你受到启发的作品。保持专注使得我们更关注当下，但这并非你想象中的那般复杂，那么现在，你准备好试试了吗？

CONTENTS

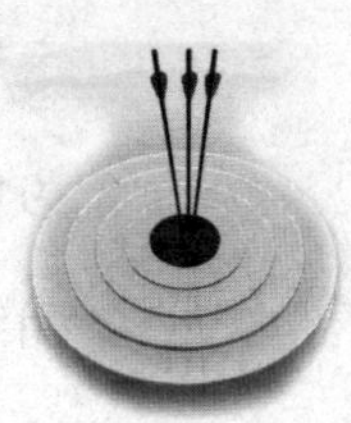

目 录

上 篇

第五章 你专注于一个方向，为什么没有做出成就

第六章 你专注于听和说，为什么没有实现有效沟通

下 篇

第七章 专注的智慧：克服焦虑和恐惧

第十章 专注的效率：用时少也能做好工作

第十一章 专注的魅力：守住心灵的宁静

第十二章 专注的训练：排除外界的一切干扰

上　篇

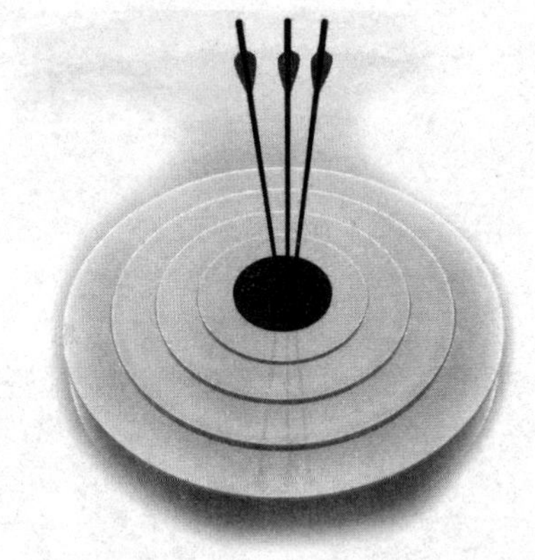

第一章

你表面上很专注，实际上是大脑在偷懒

瓦伦达效应：太把得失放在心上，易发挥失常

瓦伦达是美国一个著名的钢索表演艺术家，以精彩而稳健的高超技巧闻名。他从来没有出过事故，因此，当演艺团这一次要为重要的客人献技时，决定派他上场。瓦伦达知道这一次表演的重要性：全场都是美国的知名人物，这一次若成功不仅仅将奠定自己在表演界的地位，还会给演艺团带来前所未有的支持和利益。因而他从前一天开始就一直在仔细琢磨，把每一个动作、每一个细节都想了无数次。

演出开始了，这一次他没有用保险绳。因为许多年里他从来没有出现过失误，他有100%的把握不会出错。但是，意想不到的事情发生了，当他刚刚走到钢索中间，仅仅做了两个难度并不大的动作之后，就从10米高的空中摔了下来，一命呜呼。

事后，他的妻子说："我知道这次一定要出事。因为他在出场前就不断地说，'这次太重要了，不能失败'。在以往每次成功的表演前，他只是想着走好钢丝这事本身，不去管这件事可能带来的一切。瓦伦达太想成功，太患得患失了。如果他不去想这么多走钢索之外的事情，以他的经验和技能是不会出事的。"心理学家把这种为了达到一种目的总是患得患失的心态命名为"瓦伦达心态"。

美国斯坦福大学的一项研究表明，人类大脑里的某一图像会像实际情况

那样刺激人的神经系统。比如当一个高尔夫球手击球前一再告诫自己“不要把球打进水里”时，他的大脑里就会出现“球掉进水里”的情景，而结果往往和他的想法一样，球大多会掉进水里。这项研究从另一个方面证实了瓦伦达心态带来的不利影响。

也许你在生活中会碰到这样一群人，做什么事情之前都要反复考虑，做完之后又放心不下，对于方方面面都考虑得尽量周到，如有不妥，就很担心把事情办砸，他们非常在意别人对自己的看法，而且特别看重个人的得失。

这样的人，主管给他3000元钱的工资，他会想主管肯定领到了30000元的工资；一到发工资时，他会把工资表翻个底朝天，生怕别人比自己拿得多；领导们开个日常的工作会，他会费尽心机打听，看谁又要被提拔了；同事们聚会如果少了他，他会猜想大家避开他又在搞什么鬼名堂。这些人整天神经兮兮，心中布满疑虑、惴惴不安，这样的人太患得患失了，他们的生活不会有太多的乐趣。

有些人在开始创业时很艰难，但是在下决心、做决定时很痛快，不会想那么多。但当他们有了一些成就之后，可能就变得犹豫不决、患得患失了。因为以前囊中无物，当然无所谓得失，现在有一些基础了，就害怕失去这个，担心错过那个。人在害怕失去的同时，又期望什么都得到，所以会感到痛苦。

在亚洲某地，有一种捉猴子的陷阱，人们把椰子挖空，固定在地上，椰子上留了一个小洞，椰子里放上一些水果，洞口大小恰好只能容猴子空着手伸进去，而无法握着拳头抽出来。猴子闻香而来，将它的手伸进去抓食物，理所当然的，紧握的拳头便伸不出洞口，当猎人来时，猴子惊慌失措，更是逃不掉。可见，猴子是被自己的贪心和执着所俘虏，它原本只需将手放开就能缩回来逃脱。因此，你在生活和工作中也会遇到要抓住还是放弃的选择，如果你想什么都要，最后你什么都要不到。而且你考虑的时间太多，过分犹豫不决，又会耽误许多机会，别人也会认为你缺乏决断力。有的人在取得一些成绩之后，原来挺足的自信心好像不够用了，开始怀疑自己的能力，担心这个担心那个，其实把自己所担心的事想透了，你会发现，万一它真的发生了，结果也没什么了不起的。所以，果断地做出你认为正确的选择，你就没什么可多虑的了。

只想成功，又怕失败，患得患失，压力过大，这种心理状态会造成大脑皮层兴奋与抑制过程失衡，植物神经功能紊乱，各种症状随之而生。如果你想要远离患得患失，请参考下面的应对措施：

1. 增强信心。只有充分相信自己的实力，才能在工作中、生活中保持冷静，使自己进入“角色”，发挥出正常水平。

2. 淡化结果，注重具体过程。有些人之所以无法在正式比赛中发挥自己真实的水平，与他们对比赛结果过分重视有关，比如，他们总想着不能输，输了会怎样，这样无形中就给自己增加了压力，甚至让自己累得喘不过气来，这样自然难以发挥全部的实力。如果懂得淡化结果，注重具体过程，不去过多考虑后果，减少工作过程中的干扰因素，把主要精力集中于具体的事情上，这样不仅能提高工作效率，而且还能让心理放松。

3. 多用肯定的词语来唤起积极情绪，特别是遇到困难时，要用“冷静！细心！沉住气！”等语句暗示自己，进行深呼吸，而少用含否定性词语的话，如“别紧张！别慌！可千万别出错！”等。

4. 不要给他人“制造”压力。在日常生活中，有些人平时成绩名列前茅，实力雄厚，但在比赛时却失误不断，表现糟糕，最根本的原因是心理素质不好。这主要是得失心过重和自信心不足造成的，这在很大程度上与他人的期望有关。

如果对这样的一些优秀的人期望太高的话，就会在无形中给他们造成一种心理定势：“只能成功不能失败，不然的话会让看好自己的人失望的。”于是他们越出色，别人对他们的期望就越高，他们的心理压力就越大，这样总有一天会崩溃。

瓶颈效应：你的大脑为什么常常短路

忆山说自己的大脑最近经常短路，不听使唤。为此，他常常埋怨甚至痛恨自己。有好几次，在公交车上，突然听见有人叫他的名字，抬头一看是多年未见的老同学。这时人们正常的反应，自然应当是回叫老同学、老朋友一声：“某某某，原来是你啊！”奇怪的是，这个“某某某”，在他心中明明是一清二楚的，几乎很快就能喊出来了，却偏偏就是转化不成具体的语言符号，结果，只好吐出一句：“哦，你好，你好！”对方觉得自己的热情用错了地方，而他自己虽然尽量表现出和对方很熟的样子，心里却懊恼极了，最后弄得彼此都很尴尬。

你有没有出现过大脑“短路”的情况？比如，有时已经发生过的事，短时间内就忘得一干二净；经常到处找钥匙、找手机；挂在嘴边的事转念间就忘了要说什么……这些问题已经不再是老年人的困扰，年纪轻轻就健忘，已经成为很多职场白领的常见问题。

造成这种现象的原因主要是上班族普遍压力过大，长期在工作中精神紧张，用脑过度，加班熬夜更成家常便饭。这些行为都会对神经系统造成不同程度的伤害，导致脑部供血不足，脑细胞流失加快，短期记忆力降低，形成健忘的症状。此时应该注意营养的补充及充足的休息。

职场健忘症的元凶是人体内一种称为磷脂酰丝氨酸的成分，磷脂酰丝氨酸是唯一能够调控细胞膜关键蛋白功能状态的磷脂，它可以影响脑内化学物质的传递，并且帮助脑细胞储存和读取资料，是维持大脑正常记忆力、反应和改善情绪的重要元素。

大脑高度紧张时，脑部的磷脂酰丝氨酸含量便会减少，大脑神经细胞间信息传递速度就会变慢，上班族经常用脑过度，因此才会导致脑部供血不足，并出现记忆力下降，智力下降等症状。此外，随着年龄的增长，大脑自然衰老，就会导致短期记忆力不能维持正常水平，老年性痴呆症也是由于此物质流失导致脑萎缩而引起的。在饮食上，营养专家提倡增加富含磷脂酰丝氨酸食物的摄入，例如牛脑、猪脑、动物内脏、花椰菜、大豆等。

在一个人解决某一问题，或者从事某项创造性活动的过程中，思维通常要经历四个阶段：

1. 检查和清理问题的“准备期”。这一阶段是高度紧张期，人会全神贯注，并且努力、深入地对对象进行探索分析。

2. 活动重点从意识区转移到无意识区的“酝酿期”。在这阶段有人养神休息，有人则运动或散步。

3. 产生解决办法的“顿悟期”。这个阶段人紧张的情绪有所缓解，并为涌现的灵感而兴奋。

4. “完善期”。最后阶段人为了精确地阐述问题而全力以赴地探索和发散思维。

这四个阶段，是以“紧张→松弛→顿悟→紧张”这样循环的节奏呈现的。整个过程中，一方面是努力、紧张和积极性，另一方面是散心，松弛和解决，两者相辅相成，缺一不可。当思维处于极限状态，被“瓶颈”卡住时，一般正是思维高度紧张之际。而精神高度集中地考虑一个问题，时间过久可能会造成思维堵塞，就像在竭力回忆一件从记忆中消失的事情时往往出现的情况，因为当大脑在不断活动和十分疲劳时，可能收不到下意识思考传递的信息。所以，我们必须学会“积极的休息”，就是在紧张的思考过程中，如果发现被“瓶颈”卡住了，那就不妨暂时松弛一下，休息一会儿，使大脑神经中枢在思维的循环性节奏中恢复平衡状态，有助于“顿悟期”的降临。心理研究以及众多事实，已经反复证明过这一点。

在职场打拼的人，发展到一定阶段往往会遇上瓶颈效应，阻碍其顺利前行。在30~40岁期间，职场上普遍存在令人尴尬的瓶颈期。如果能够找到症结所在并有所突破，那么遇到的困难只是暂时的“玻璃顶”；若是无法找到提升的通道，“玻璃顶”就会变成“水泥顶”，从而封死了自己的出路。

下面就职场中常见的几种瓶颈期分析一下突破之道。

1. 知识结构老化，“充电”填补自身短处

当瓶颈出现之后，首要任务是了解瓶颈产生的原因。当然首先得从自身寻找原因，不管自己在大学学的是什么专业，岗位越往上提升，对自身综合能力的要求就越高，如决策力、洞察力等方面就需要再提升一个层次。

在职场中如果缺乏持续的学习，可能会因为知识结构的老化而面临被淘汰的尴尬境地。为了避免这种情形的发生，随时进行“充电”提高职场竞争力，是突破职场瓶颈的一种有效手段。

此时要做的是根据自身的具体情况，有意识地进行“充电”，找到自己最为薄弱的部分，通过学习来提高。当然，要把握好时间节点。比如，有些人明明知道自己在外语口语方面存在缺陷，但是他们就是没有安排时间去改善它，每次因为口语方面的原因造成自己失去更好的机会之后，又十分后悔。

2. 好几年没有升职，关注公司内部的新岗位，伺机而动

在公司内部可以横向寻找发展机会，比如对与自己工作相关联的工作多做一些了解，以便通过内部调整而获得更好的发展机会。这种做法比较稳妥，至少，在获得晋升的同时，还可以避免因为跳槽而形成的成本。不过需要提醒的是，在企业内部，考虑到人力均衡的关系，老板一般不会轻易对高层人员做出调整，因此，员工在短期内获得晋升机会的可能性会很小。

3. 对工作丧失激情，主动出击寻找出路

对于已经积累了相当丰富的工作经验并在公司担任过领导职位的职场人

士来说，在本公司内已找不到再次提升的空间，遭遇职场瓶颈，那么不妨勇敢地迈出跳槽这一步。在同一个职位上具有三四年以上的停留期，基本上都会感到激情不再，厌倦感在不知不觉中产生。如果选择跳槽，一定要盘点一下自身的工作资历，如人脉资源、管理经验等。

懒蚂蚁效应：忙到没时间思考，你的生活相当危险

日本北海道大学农学研究生院的进化生物研究小组曾对3个分别由30只蚂蚁组成的黑蚁群的活动进行了观察。结果他们发现，大约80%的蚂蚁从事某种工作，例如清理蚁穴垃圾或收集食物，很少停下来休息，少数蚂蚁却整日无所事事，几乎不参加任何工作。人们把它们叫做“懒蚂蚁”。

那些持之以恒、坚忍不拔的勤快的蚂蚁自然应该得到“赞扬”，那些不劳而获、游手好闲的懒惰蚂蚁自然应该被“批评”。可有趣的情况发生了，生物学家在这些“懒蚂蚁”身上做了标记，并且断绝了蚂蚁的食物来源，那些平时工作很勤快的蚂蚁一筹莫展，而“懒蚂蚁”们则挺身而出，带领大家向它们早已侦察到的新的食物源转移。

“懒蚂蚁”们总能看到组织的薄弱之处，它们拥有让蚂蚁群在困难时刻仍然存活的本领，可以避免把全部蚁力投入到搬运食物的劳作中；同时，保持对新的食物的探索状态，从而可以保证群体不断得到新的食物来源。勤与懒相辅相成，勤有勤的原则，懒有懒的道理，懒未必不是一种生存的智慧。

俞敏洪说：“我们自以为很忙碌，甚至没有一刻空闲的时间来思考自己所做事情的最终目的和价值，结果却陷入空虚和茫然之中。”

也许你常常会抱怨工作和学习的繁忙，似乎一天到晚都被搅扰于忙不完的事务中，没有半刻的清闲。但是如果有人问你：到底在忙什么？又忙出了

些什么？你又往往答不上来。因为你通常只顾着做手头上的事，却没有给自己留出时间思考和总结。所以看似忙忙碌碌，勤勤恳恳，事实上却没有太大的收获。

有一天晚上，一位大学教授路过实验大楼，抬头发现自己实验室的灯还亮着。他走进实验室，看到有一个学生还没有回去，便上前问道："你今晚在干什么？"学生回答说："老师，我在做实验。"教授又问："那么你白天又在干什么呢？"学生回答道："我白天也在做实验。"这位学生正准备接受老师的称赞，怎料教授却勃然大怒："你到底说说看，一天到晚都在做实验，哪里有时间进行思考呢？"

教授的逻辑，乍听之下让人颇觉诧异，仔细思考，却也并非没有道理。做实验是学生的本分，在实验室里勤奋耕耘固然没有错，但是从早到晚只知道做实验，却没有停下来进行思考，做的实验再多，又能够有什么收获，什么启发呢？教授的话似乎有些偏激，事实上却是在告诉学生一个道理：埋头苦干固然重要，但是万万不可蛮干，应该时不时地抽时间思考总结一下，才能忙得有价值，忙得有效率，而不至于忙忙碌碌，却碌碌无为。

人在忙碌的时候，往往没法静下心来思考，心灵没有了空间，与死亡又有何异？所以，你即使再忙，也应该给自己留出思考的时间。磨刀不误砍柴工，短时间的思考，实则是大有裨益的。瓦特看到水开了，在不懈的思考中发明了第一台蒸汽机；牛顿看到苹果落地，苦思冥想后发现了万有引力定律；爱因斯坦经过长达十年的思考，创立狭义相对论的科学体系。如果他们只是一天到晚浸泡在实验室中不停做实验，永远不去思考，那么现今的世界，恐怕就大不相同了。

中国先哲孔子有言："学而不思则罔，思而不学则殆。"早在几千年前，他就领悟出了思考的重要性。然而大多数的人，往往只注意到学习的重要性，却忽略了思考也同样重要。

西方著名哲学家笛卡尔有言：“我思故我在。”人们崇尚思考，绝不仅仅是为了解决现实问题，而是为了坚持这样一种理念：只有通过思考，才能确保人之所以为人的独特意义所在。

忙碌的你，可不要被焦头烂额的事务阻塞了思维的空间。留一点时间看看世界，也留出一点思考的时间。

那么如何培养你的独立思考能力呢？现在给大家提供五种方法：

1. 拥有好奇心，多问“为什么”，凡事“知其然更要知其所以然”。

2. 矛盾具有普遍性，因此遇事要善于思考，从多个角度看问题。

3. 跳出你所习惯的生活圈，接触不一样的人，吃不一样的食物，尝试做不一样的事，通过这种方法增加思考的素材。

4. 学会质疑，不要认为那些“真理”“经验”是不证自明的，是不可推翻的。

5. 做些逻辑游戏，如桥牌、象棋等，研究表明，经常做逻辑游戏可以帮助提高逻辑思维能力。

目标越是清晰，越容易专注

美国财务顾问协会的前总裁刘易斯·沃克曾接受一位记者采访，记者问道："一个人不成功的主要因素是什么呢？"沃克回答："模糊不清的目标。"记者请沃克做进一步的解释，沃克说："我在几分钟前问过你，你的目标是什么？你说希望有一天可以拥有一栋山上的小屋，这就是个模糊不清的目标，问题就在你所希望的'有一天'不够明确。因为目标不够明确，所以成功的机会也就不会大。"

我们不妨把沃克的话试着延伸一下。如果你真的希望在山上买一栋小屋，你必须先找到那座山，计算出那间小屋的现值，然后考虑通货膨胀等因素，计算出若干年后这栋房子的价值；接着你必须决定，为了达到这个目标每个月要存多少钱。如果你真的这么做了，你可能在不久的将来就会拥有山上的那栋小屋。

事实确实如此，如果你想要去做一件事，有一个清晰的目标会让你更加得心应手。比如，你想要存一笔钱，那么你应该制定一个清晰的存钱计划，你每月的收入是多少，支出是多少，经过详细的计算后，每月保证存入固定数额的一笔钱，这样不是更容易实现吗？

"年轻人事业失败的一个根本原因，就是因为没有清晰的职业目标，精力太分散。”这是戴尔·卡耐基在分析了众多人事业失败的案例后得出的结论。想要在事业上取得一番成就，你应该拥有一个清晰明了的计划，这是古今中外很多成功者共同总结出来的经验。

试想一下，如果你有一个非常清晰的计划，在工作的时候，你只需要按照你制定的目标去走就可以了，不需要考虑太多的因素，这也将为你省下大把的时间。如果没有的话，你一定会感到迷茫，不知道下一步怎么走，在考虑的过程中，浪费更多的时间，而且还很难与后面的步骤接轨。

在专业化程度越来越高的现代社会，工作对职业化员工的知识和经验不断提出更高、更广、更深的要求。一个做事总是摇摆不定、没有清晰目标的员工，只会将自己长时间积累的经验和资源都消磨掉，而无法强化自己的专业知识，无法形成自己的核心竞争力，最终也就无法超越他人。这样的员工不具备职业化的工作技能。

一个清晰的目标能让你更加专注地工作，想要拥有一个清晰的目标，你应该这样做：

1. 分析你的需求。你也许会问：这一步怎么做呢？不妨试试以下方法。开动脑筋，写下来10条未来5年内你认为自己应做的事情，要确切，但不要有限制和顾虑哪些是自己做不到的，给自己的思维充分的拓展空间。

2. 做SWOT分析。分析完你的需求，试着分析自己性格、所处环境的优势和劣势，以及一生中可能会有哪些机遇，职业生涯中可能有哪些威胁。

3. 制定长期和短期的目标。根据你认定的需求和自己的优势、劣势、可能的机遇来勾画自己长期和短期的目标。例如，如果你分析自己的需求是想授课，赚很多钱，有很好的社会地位，则你可选的职业道路会明晰起来。你可以选择成为管理讲师——这要求你在相关方面具备一些优势，包括丰富的管理知识和经验，优秀的演讲技能和交流沟通技能。在这个长期目标的基础上，你可制定自己的短期目标来一步步实现。

4. 认清阻碍。确切地说，写下阻碍你达到目标的自己的缺点，以及所处环境中的劣势。这些缺点一定是和你的目标有联系的，而并不是分析自己所有的缺点。他们可能是你的素质方面、知识方面、能力方面、创造力方面、财力方面或是行为习惯方面的不足。当你发现自己的不足，就下决心改正它，这能使你不断进步。

5. 做提升计划。要明确，要有期限。你可能会需要提高某些已有技能，掌握某些新的技能或学习新的知识。

6. 寻求帮助。有外力的协助和监督会帮你更有效地完成这一步骤。

7. 分析自己的角色。制定一个明确的可实施的计划，一定要清楚知道计划里你需要做什么，那么现在你已经有了一个初步的职业规划方案。如果你目前已在一家公司工作，对你来说进一步的提升非常重要，你要做的则是进行角色分析，反思一下这家公司对你的要求和期望是什么，做出哪种贡献可以使你在公司里脱颖而出。大部分人在长期的工作中趋于麻木，对自己的角色并没有一个清晰的认识。但是，就像任何产品在市场中要有其特色的定位和卖点一样，你也要做些事情，一些相关的、有意义和影响力但又不落俗套的事情，让公司知道你的存在，认可你的价值和成绩。成功的人士会不断对照公司的投入来评估自己的产出价值，并保持自己的贡献在公司的要求之上。

专注从克服拖延症开始

去年年底，水彤搬到了新家，但由于工作忙，她将很多搬过来的箱子直接堆在了次卧，各种箱子垒起来差不多盖住了半面墙。箱子里装着儿子已经用不着的玩具、衣服，自己和老公的衣服，还有各种装饰品。水彤原本是打算将用不着的还比较新的东西拍出照片，拿到淘宝二手市场卖掉的，却一直没时间去处理这件事。搬到新家眼看半年了，箱子还堆在那儿，每当看到这些东西的时候，她就会分外焦虑。

在日常生活中，你可能会给自己制造太多无法一一应付的事。你会把精力分散在许多事情上，这可能会让你无论在哪个方面都没法取得进步。此外，你的注意力总是被很多无关紧要的小事情分散开。

为了逃避“未完成的事”所带来的痛苦以及避免不知所措这种感觉，你自己会刻意拖延，你会有意地将注意力分散到不重要的事情上去，那样做会给你带来些许即时的满足感，同时也提供了一种从此刻恼人的状况中逃离出去的方法。

为了让自己对应该做什么显得不那么不知所措，你就取而代之地去做一些无足轻重的小事情……随意地浏览博客、更新人人网，还有就是每隔几分钟就查看一下电邮。事后，你会对浪费了这么多时间去做没有意义的事而后悔。你不得不更努力地去工作，而且往往工作到深夜。这种毁灭性的恶性循环给你带来了许多不必要的压力和焦虑。

在拖延中，人们所面对的事情、问题、麻烦不会减少、不会消失，反而会更多、更严重，越是拖延，内心越是紧张焦躁，越往后心理压力越大，到了不得不去处理事情、解决问题的时候，在紧张焦虑的状态中，思维和行为效率都极低，事情结果可想而知很糟糕。拖延行为会使得人们浪费时间和精力，难以达到生活和工作的预期目标，遭受种种损失。在拖延中焦虑，在焦虑中又拖延，如此恶性循环，导致生活不顺利、工作低效率，最终一事无成。

你可以尝试用下面的方法来克服拖延症。

1．计划的制定。造成拖延症的很大原因就是没有时间观念，如果说这份任务老板没有着急找你要，那你就会一拖再拖，直到老板找你要了，你才会想办法去做这件事情。那既然知道自己是这样的情况，就给自己制定一个计划时间表，告诉自己这项任务要在自己规定的时间内完成。

2．决定。决心和承诺拥有很强的的力量，拥有了它们，你就不会像一叶扁舟那样随波逐流。如果你做出决定想要去做某事（现在就做出决定），而不去想其他的事，那么你立即采取行动的可能性会比较大。假如你没有做出决定，那么这种你想要去做某事的想法就会如影随形般飘荡在脑海里，而且会让你感觉很烦躁。现在就做决定，去实践一件你今天就想做的事，或者是定下这周你要完成的一件简单的任务。

3. 专注。精力只会被用在你自己所导向的地方。假如你把所有的注意力聚焦在一个方向上，你就会取得一次又一次的进步——这就是专注的力量！假如你将注意力分散在不同的事情上，那么分到每件事上的精力就会被分散和减弱，这样你什么事也完成不了。

你可以从另一个方面来看待这个问题。假如你在湖边并想要横渡这片湖，而且在岸边有无限多的小船。假设你先选择两条船，然后两条腿分别跨在这两条船里。估计一下，你会花多久才能到达对岸？一定要很长时间，对吧？类似的，假如你选择四条船，然后将四肢分别搁在这四条船上，这样子去横渡这片湖是不可能的，对吧？显而易见的是，只选择一条船才是到达彼岸的最明智和有效率的方法。

虽然这个比喻有点浅显，但这正是你在生活中所做的事。你都想着使用四条船去横渡湖泊，然后就好奇为什么自己没有前进，最后你就感到有种挫败感，然而再多的挫败感和不知所措也不会让这四条船开走。问题的唯一解决之道就是选一条船然后开始划桨，这就是专注。选择一条船就是专注，选择更多的船就是分散注意力，而分散注意力会让你一事无成，专注是让你走出困境的唯一出路。

4. 行动。一旦你已经决定了想要做的事，一旦你决定了你想要专注于做这件事，那么接下来你要做的就是采取行动。还是拿船来做比喻的话，行动就像划桨，不采取行动就像呆呆地坐在船上，同时又为抵达彼岸的遥遥无期而倍感焦虑。

一旦你开始划桨，而且你专注于划桨，你就会很快到达彼岸。一旦你在彼岸着陆，你就会发现穿过这片湖是如此简单，而且你会惊讶于过去耽搁了那么久的时间却又陷在举步甚微的窘境，如今竟用简单的决定、专注和行动三步就解决了。获得成果要比我们所想的要简单。

5. 集中精神做事情。你可能会在工作的时候挂着QQ，听着音乐。只要一听见QQ响立马注意力全都跑到上面，从而耽误了工作的时间，其实这也是拖延症患者的一大毛病，所以为了改掉这个毛病，这里建议你在上班工作的时候把跟工作无关的一切东西都先放下，不要上QQ，手机调静音，等你做完一项工作再去查看这些东西。

怎样克服心不在焉的习惯

若雪最近感觉自己工作效率降低了不少，经常会心不在焉，工作一会儿总会不由自主地走神，等反应过来，发现已经耽误了很长时间。她下过好几次决心要克服这个坏习惯，但是都没有比较明显的效果，每次干一会儿就会走神，即使及时反应过来了，在干一会儿后又走神了。对此，若雪自己也表示无可奈何。

也许你也有着和若雪一样的烦恼，同样心不在焉，同样工作效率不高。也许你很想认真地把工作做到最好，并且希望以最高的效率去完成工作，但是经常事与愿违。

心不在焉，无法专注地去做一件事成了你最大的烦恼，给你的生活、工作、学习带来诸多不便。你也许寻找过无数的方法，但是都没有起到太大作用。如果是这样的话，你不妨看看下面的方法。

1. 大声对自己说，提高记忆力

在你的五种重要感官功能当中，听觉是最灵敏的，也是最强的。实验表明，同样要记住9个数字，通过听到得来记忆，比单单看这9个数字，要记得更长久。

也许你有过这样的经历，在楼下的广告海报上看到了一个需要的电话号码，又忘记带手机，于是你不停地重复念、重复念，直到回到家里找出手机拨过去。用你自己的声音来重复电话号码，可以帮助你记忆，但是在拨号之前，你最好把它写下来。也许你拨了一遍后，是忙音，或是没人接听，或是稍稍有些耽误，你可能就记不得号码了。

如果你观察自己将钥匙放在桌上，你用的是你的视觉，可能过一段时间就会忘记。如果你大声对自己说："我把钥匙放在桌子上了。"你就给自己设定了一个强有力的记忆帮助。你不仅看见了钥匙和桌子，而且还听见了自己的声音。跟自己说话是很好的克服心不在焉的方法，它用以下三种方法增强了记忆：听到了自己的声音；你在说的同时思考了你把东西放在哪里了；提醒你看见了自己把东西放在哪里了。

2．利用你的大脑中的索引文件

在工作的时候，你经常会把有联系的东西归纳到一个小标题下面，这就叫参照索引（把有联系但不相同的两样东西相连接）。这种方法可以帮助你整理记忆库储存的东西。对于一件事实，你所建立的联系越多，当你想回忆起它的时候，你所拥有的线索也就越多。

为了提高你的注意力，你可以选择思考，或者自言自语，当然你还可以将各个事件用参照索引的方法加以整理，来帮助你记忆。任何事情都不是孤立的，都处于一个网络当中，有其内核和外围。记忆时，应把这些外围条件弄清，这样，在回忆时便可"顺藤摸瓜"，利用外围信息引出或推理出要回忆的内容。

3．养成专心致志的习惯

你坐在客厅的沙发上，突然想起你昨天晚上没看完的一本书，你想把它从卧室里拿到客厅里来看，于是你站起来，可是发现桌子上有谁喝完饮料后随手乱放的一个玻璃杯，你把它送到厨房去，又发现猫儿的碗里空了，于是你又添满了猫粮。等你来到你的卧室时，却不知道你要干什么了，那本书从你的脑子里消失了，或者说让位给了玻璃杯和猫粮。

你要记住千万别脱离自己的轨道，当你想去拿书的时候，当你从椅子上站起来的时候，想象一下那本书的样子，想象一下它的封面，回忆一下你上一次看到了什么地方，感觉一下你拿起它的时候，感受到它的重量，想象你上次把它放在什么地方了。

这样你满脑子都是关于这本书的信息，你的注意力就不会轻易地转移了，不会在突然看见了其他事物时分心。当你走到卧室的时候，你会准确地知道你要干什么了，因为你一直保持在你的轨道上。

把地点固定一下，秩序井然是战胜你心不在焉的最好武器。如果你总花时间来寻找你的钥匙，那你应该把它放在一个固定地方。当你不在家中的时候，总是把它放在你衣服的一个固定的口袋里，或是裤子的兜里，或是手提袋中。为你自己选一个固定的地方，不要轻易地改变。用同样的方法去放你的衣服、手套、记事本、工具等，有意识地把它们放在一个固定的地方，直到你已经养成了这个习惯。每一样东西都有属于它自己的地方，每一样东西也就在它应该在的地方了。

4．提高你的观察力

细致的观察能够帮助记忆。细致的观察意义在于了解被记忆对象的本质特征和细节，这对记忆大有好处。要学会游泳，与其坐在家中看关于游泳练习方法的书，不如到游泳池里看别人游，因为游泳池给了你细致观察游泳动作的机会。

一些研究记忆力的工作者发现，如果人们对他们周围的事物注意观察的话，他们会比那些从不对周围事物留意的人，更容易集中注意力。也就是说，观察能让人们更加集中注意力。有些人出于职业的需要，必须具有超凡的观察力，比如侦探、安全工作人员，还有FBI侦察员等。他们很难遗忘生活中的小事。

5．学会处理分散精力和有干扰的情况

哪怕你一心想避免分心，仍然会遇到许多情况来打断你的注意力，使你脱离思考的正常轨迹。以下几种方法可以避免这些情况造成的不良后果。

（1）井井有条

做什么事情都井井有条的人不容易分心，也不容易因为被打断而乱了手脚。我们的大脑里有各种信息，排列得越整齐，就越能形成牢固的记忆。

（2）保持记忆力集中的状态

你在做事情的时候很清楚这件事情的重要性，这就是你能集中注意力的关键。当你在做一件事情的时候，你要一心一意地投入，这件事情没有完成以前不要去想下一件事情做什么。一旦你全身心地投入，一切外界的干扰都不会对你产生很大的影响，你也会因此对自己的工作效率更满意，成功率也会更高。

（3）不要被电话控制

在工作中有一个很大的干扰是来自电话。你都不能对电话铃声置之不理，继续工作。如果你正全神贯注地工作，可以使用自动应答，如果这一方法不能实行，让电话再响个一两次再接。如果是重要电话，你也可以先做一下记录，记下自己正在想的问题。

（4）避免无关紧要的事情

不要突然去想另外一个问题。人们在谈话的过程中通常会谈到与主题无关的内容，在这种情况下，他们通常会问："我刚才讲到哪了？我说那件事情之前说过什么？我是怎么讲到这儿的？"与主要话题无关的事情影响了整个谈话的逻辑，影响了谈话者的思想的清晰度，我们应该养成始终关注主要话题的好习惯。

运用思维导图拓展思维

雅萱来公司已经一年了，由于业绩突出，她被提升为部门经理。她说自己在半年前还是什么都不会，什么都干不好，当时都有了辞职的想法。但是，一次偶然的机会，经朋友推荐，雅萱接触了思维导图。她发现这种方法可以帮助她更好地理清思路，更清晰地确定目标，接着就把这种方法用到了工作上，效果出奇的好。不到半年，她就做出了现在的成绩。

"我想拥有什么""我能做什么""我想成为什么样的人"……谁都问过自己这样的问题，也经常为无解而苦恼。这些问题与你的未来息息相关，有什么方法能让你更有效地了解自己，确定人生的方向？

在帮助人们达成目标的心理学工具和课程中，思维导图可能是最简单有趣的一种。它由英国著名心理学家、头脑基金会总裁东尼·博赞发明，是用彩色笔画出的一种信息丰富的图形，从人的核心想法发散开来，帮助你理解和明确目标。

多数时候，因为常态下的惰性，我们不能及时地进行总结和回顾，浪费了大量的记忆资源，形成了太多的无效重复。思维导图建立的思维系统帮助我们运用一套简单方法来理清思路，规避重复。

迅速便捷的归纳和整理，化繁为简，让简单执行变得有效，在实践中养成及时有效不重复的习惯。大脑思维发散性的特征决定了我们大脑在工作时，不能及时抓住信息中心，所以就更谈不上扩展。

而这种平面性的思维因为只是一个过程，不足以引发我们的创造力，更不能充分运用大脑已有资源。而思维导图则可以通过思维的图像化，快速地利用资源，诱发新的创意。

正如英国生活咨询师、英国生活俱乐部的创始人妮娜·格温菲德所说，“思维导图有很好的可视性，简单，经济，而且非常清晰。”

下面是思维导图的制作方法，可以帮助你更好地理清目标。

1. 决定目标。无论是你今年想要得到的成绩，还是你想要提升的技能，或者仅仅只是你想要的感觉，都可以。画出目标图形，这会是思维导图的主体图形，也是任何思维导图的起点。从这个中央图形出发，画出你迸发出的所有想法和感觉。当你完成思维导图时，你会被自己的感觉、想法，甚至是不曾预料到的东西所震撼。

2. 从中心图形开始画出主要侧枝，这些代表着你从所有想法中迸发出的主题。就像是一本书的章节一样，它们带给你思维导图的结构和顺序。

3. 任意联想。如果你对自己的目标很有把握，把你自己画在中央。你的主要侧枝可以代表你的生活领域，比如人际关系、健康状况或者其他对你有用的事物。一旦你把这个结构完成了，就开始把脑海中浮现的有关这个侧枝的第一件事物写下，或画出来。不要自我审查，要相信自己的直觉，写下你的感受。

4. 添加关键词和图形。将关键词写在各自的枝条上，图形也如此。你还可以根据相关的词和图形，加上新的分枝。例如，你的一个关键词是“职业”，那么相关词可能是“晋升”“薪资”或“发展”，而在另外的新分枝上，则可能是“培训”“技能”“自信”“激励”，等等。你可以按自己的喜好，任意添加新的分枝，来容纳任意多的词和图形。

5. 连结所有枝条。主要的枝条或分枝是繁茂而平滑的，从中心点散发出来后，会逐渐分化出一些新的相似的枝条，而且越变越厚实，很像树枝上分出的小岔枝。

6. 尽量具有可视性。你没必要画得像个艺术家，简单的线条图形就可以了。

7. 用枝条的粗细和字母的大小显示重要程度，以数字或字母顺序排列关键词。字母图形之间的空间也是沟通信息的一部分，所以要在纸上给词和图形留出足够的地方。

8. 画出波浪枝条。波浪枝条显得更有趣，也比直线更容易记录。

9. 用箭头连结想法。运用你喜欢的速记方式（记号、叉子、星号等）做标记，创造出更丰富的联想。这样，一幅属于你的思维导图就画好了。

思维导图的应用非常灵活，不仅可以探索未知，也可以指导实践，甚至可以用来计划如何达成每周或每月的目标。比如跨国旅行要考虑签证、航班等大量细节，画一张思维导图，你要做的所有事就一目了然。因此，目前国际上应用和推广思维导图的领域十分广泛。

作为一种直观有效的目标管理方法，思维导图既可用于提高个人效能，进行个人规划及时间和项目管理等，也可用于提高团队创造力和团队精神，还可用于创造开放合作的企业文化，使工作流程标准化，并提供项目管理、人力资源管理、销售与市场管理、研发管理等方面的支持。

第二章

你专注工作了十年，为什么还是没有升职

原地踏步者最先被淘汰

基思·鲁珀特·默多克出生于澳大利亚，父亲是当地著名的战地记者和出版家。在父亲的影响下，默多克早年就对新闻行业充满无限兴趣。在伦敦读大学期间，默多克就到当地一家小有名气的报社做助理编辑，3年的阅历培养了他的敏锐、务实。

默多克毕业之后回家掌管了父亲的产业。为了实现他的新闻王国大梦，默多克果断地聘用毫无新闻相关从业经验的彼得·彻宁和拉里·拉姆担任公司高层，这让很多人都大跌眼镜。但深知赌场规律的默多克知道，他的公司缺的并不是平淡稳重的员工，而是拥有疯狂激情的人才。

在这种近似疯狂的管理模式下，默多克也加快向外扩张的速度，在他人生的第50个年头时，他已经控制了澳大利亚的2/3和英国1/3的报纸发行量；此外，他还担任英美澳多家公司董事长。10年之后，他再度出手，在美国建立了自己的电视传媒王国——福克斯电视网（FOX）。在互联网时代来临后，默多克立即和日本一家公司合办了专门拓展互联网投资的软银公司。2005年，他以5. 8亿美元现金收购当时MySpace的母公司IntermixMedia，从而进军网络新闻博客及网络社交领域，2008年，默多克最终以50亿美元成功收购道琼斯集团，这让所有美国人都在惊呼："狼来了！"

当别人问起他的成功之道时，默多克说："每当我站在一个成功的顶峰时，我就反复提醒自己不能总在原地踏步、故步自封，所以我只能勇敢再向前迈步。”

也许你工作努力，成绩不错，全公司都承认你是个敬业的人，但是，新的聘任书下来，你发现，跟你一同进公司的同事职位上升了，而你还在原地踏步。可能情况还要糟糕一点：他比你来得晚，却比你“爬”得快、升得高。你可能会感到不满，甚至跟领导大吵一架，然后走人，得不偿失。

为什么你鼓足了力气，在职场上加班加点，起得比鸡早，睡得比狗晚，却还是不得要领，在工作中停滞不前？看到同时毕业的朋友，都在职场上混得不错，不是加薪就是升职，你却还是拿着基本工资的小基层，这种滋味着实不好受，是什么让你一直在职场原地踏步？

1. 只做分内工作。不要认为分内工作做好就够了，工作能力、效率、可信赖的程度，甚至你的学历，都不会是单一指标，也不会是最重要的。

2. 干活松懈、散漫。这样的人总有一个想法就是时间过得太慢，所以他们喜欢拖拖拉拉，干干停停，直到下班。他们最后只能被淘汰，试想，他们连本职工作都不想好好干，怎么可以有机会发展？

3. 喜欢表现自己。这样的人只要一有点成绩就沾沾自喜，恨不得全世界的人都知道。反之，他们一遇到困难，就倍感压力、成天怨天尤人。这样的人太过“显眼”，容易让领导厌烦，更别提升职了。

4. 干活效率不高。你每天看着他忙里忙外，但是不知道他在忙什么，当领导布置下任务以后，他会用很长时间才能完成。

如果你感到在工作中原地踏步，很难体现自己的价值，不妨看看下面的方法，也许会帮到你。而这些方法，正是那些优秀的人进步飞快的独门诀窍。

1. 低调实干。

往往升职较快的人都是平时比较低调的，也不怎么向别人抱怨，因为他们知道抱怨没有用，而是默默地把事情干好，努力地做着各方面的努力以改变现状。

2. 主动积极，掌握全面的业务知识。

他们有个比较鲜明的特点就是比别人掌握的知识多，涉猎的方面也比较广，相比之下，他们更为积极主动，碰到不了解的地方也总是想办法弄清楚，这样长时间积累下来，你就会发现自己很多都不懂，他们却遥遥领先在你面前。

3. 做事情有条理和规划。

做事有条有理，善于做笔记和归纳整理，他们会把某些新的或不是很懂的东西整理在一起，并做个笔记。

4. 区分重点，要事第一。

将手上的事情挑出来，先将最重要的事情做了，把自己的自由支配时间多花在对自己最重要的事情上。

5. 爱岗敬业，精力充沛。

也许你在玩手机的时候，他们正在忙着看无聊的文档、资料；也许你看这些文档、资料的时候看着看着就打瞌睡，可是他们却依然在坚持着，保持着充沛的精力。

6. 选对路，贵在坚持。

其实为了涨点工资而频繁跳槽是特别不好的，这个得看长远、看发展，选对自己合适的，一直坚持下去，未来的路会越来越好走，一定比频繁跳槽的人走得远。

蘑菇定律：当你不被器重时，专注于给自己增值

惠普公司前CEO卡莉·费奥瑞娜从斯坦福大学法学院毕业后，做的第一份工作是在一家地产公司当电话接线员，每天的工作就是打字、复印、收发文件、整理文件等杂活。虽然父母和亲戚朋友对她的工作感到不满，认为一个斯坦福大学的毕业生不应该做这些，但她没有任何怨言，继续边努力工作边学习。一天，公司的经纪人问她能否帮忙写点文稿，她点了点头。正是这次撰写文稿的机会，改变了她的一生，她后来发展成为惠普公司的CEO。

这个事例告诉你，人们在刚开始做某件事情的时候，由于是没有任何辉煌成绩的新手，经常得不到周围人的重视，多半会干些打杂跑腿的小事情，有时还会接受各种无端的批评和指责，处于得不到必要指导和提携甚至自生自灭的状态。

也许你渴望得到老板、领导的赏识和重用；也许你向往步步高升、飞黄腾达，但没有谁会白白地送给你这一切，只有用你的忍辱负重和坚韧不屈才能赢取。

忍辱负重时期的你就像蚕，结茧是羽化前必须经历的一步，只有那些能够忍受这一切的蚕才能得到阳光普照的机会，人也是一样。就拿模特这个职

业而言，当她们光鲜亮丽、璀璨夺目地站在T型舞台上时，人们赞赏她们的美丽，但她们背后付出了多少艰辛，又有谁知道？

蘑菇定律是指初入世者常常会被置于阴暗的角落，不受重视或打杂跑腿，就像蘑菇生长初期还要被浇上大粪，初入世者往往会遭遇各种无端的批评、指责、代人受过，得不到必要的指导和提携，处于自生自灭过程中。蘑菇生长必须经历这样一个过程，人的成长也肯定会经历这样一个过程。这就是蘑菇定律，或叫萌发定律。

“蘑菇经历”是事业上最为漫长的磨炼，也是最痛苦的磨炼之一，它对人生价值的体现起到至关重要的作用。经过这个阶段的磨炼，你就会熟练地掌握到当前从事工种的操作技能，提升一些为人处世的能力，以及挑战挫折、失败的意志，这也是最重要的。诸多能力的具备，为你将来职业的顺利发展铺平了道路。从这个意义上来说，“蘑菇经历”是人生的一笔宝贵的财富。职业道路上的磨炼，不是舞台上的演出，不仅需要进入角色，还要承受现实生活的种种不幸，经历事业上屡挫屡败的痛苦。事业中总有种种不如意，但一个意志坚强的人，却能将逆境变成顺境，能在挫折中找到转机。相反，有许多人，因为缺少生活的磨炼，一旦遭遇突如其来的挫折或不幸，一次输给了自己，就永远地输给了自己。所以说，一帆风顺的人很难取得超凡的成就。

“蘑菇经历”虽然给当事人带来压力和痛苦，甚至还有可能促使一些人走上职业的歧途，但也有人走出了这个艰难时期，迎来了成功。英国有一位中年女性，J·K·罗琳在事业最黯淡时，拿起了笔开始写作，凭借享誉世界的哈里·波特系列一跃成为当今世界最著名的作家之一。

但是，如果你当“蘑菇”的时间过长，你就可能成为众人眼中的无能者。所以在公司里，一定要善于表现自己，才有机会脱颖而出：要充分利用公司会议发表意见；主动亮出你的成绩；坦然面对变化；敢于冒险；尽量避免承担那些你不能直接控制的工作；养成及时汇报的习惯，等等。

如果你当了太长时间的“蘑菇”，就应该对自己和自己的工作进行重新定位了。世界上没有全能奇才，你充其量只能在一两个方面取得成功。你只能聚集全身的能量，朝着最适合自己的方向，专注地投入，才能成就一个优秀的你，不同个性的人只有被放在最合适的岗位，才能发挥出其最大的潜能。

那么怎样才能让自己经历的蘑菇期缩短呢？这就要求你在工作和生活中不要口若悬河、狂妄自傲、目中无人，也不要自我膨胀、心高气傲，你要准确地定位自己，找到属于自己的道路，持之以恒、坚持不懈地努力，善于表现自己，寻找脱颖而出的机会。

无论多么优秀的人才，初次做任何事情的时候，都会有蘑菇般的经历，不同的是经历的时间不一样。经历时间长的人，可能暂时性地会被人认为是无能者；经历时间短的人，则往往会被冠以成功者的头衔。

并不是所有人都能够成功地应用蘑菇定律，把握以下要点，方可成功运用蘑菇定律。

1．加强联系，寻求沟通

不被领导器重，有时是因为你与领导缺少应有的沟通，领导对你知之甚少或全然不知，在他的眼里还没有将你列为重点培养对象，这就需要你与领导多联络感情，寻求沟通，促进领导对你的认同。

2．调整思路，顺应需要

公司领导用人的目的是团结、协调各方面的力量，促进本公司各项工作的开展。你应该调整思路，将你的一技之长与工作密切结合起来，在工作中发挥应有的作用。

3．寻找机会，显露才华

在一家公司，尤其是在人员较多的公司，领导的事多，接触的人也多，对自己的下属不可能每个都很了解，如果你不寻找机会显露才华，很可能永远被埋没。积极的方法是见缝插针，显露一手，让领导对你刮目相看。

卡贝定理：适当的理性放弃会帮助你专注于有效的工作

成立于1881年的日本钟表企业精工舍，它生产的石英表远销世界各地，其手表的销售量长期位居世界第一。它能取得这样的成功，全取决于其第三任总经理服部正次的“放弃战略”。

1945年，服部正次就任精工舍第三任总经理。当时的日本刚刚走出战争的阴影，瑞士由于没有受到战争的影响，其手表产品一下子占据了钟表行业的主要市场。服部正次意识到：无论精工舍在质量上怎样下功夫，都无法赶上瑞士表的质量标准。服部正次决定放弃机械表制造，转而在新产品的开发上做文章。

经过几年的努力，服部正次带领他的科研人员成功地研制出了一种新产品——石英电子表！1970年，石英电子表开始投放市场，立即引起了钟表界和整个世界的轰动。到20世纪70年代后期，精工舍的手表销售量就跃居到了世界首位。

从精工舍的例子我们可以看到，放弃存在着风险，也蕴含着机遇。鉴别一个项目是否应该放弃是需要智慧的。

人们往往把目光盯在自己没有的东西上，拼命地去争取、去寻找，全然不管它对我们有没有用，会不会带来危机，使自己满身都是包袱。交战时，撤退是最难的，是有学问的，如果无法勇敢地实施撤退，或许就会受到致命的一击。

瑞士军事理论家菲米尼有一句名言："一次良好的撤退，应与一次伟大的胜利一样受到奖赏。"无论个人还是企业，都要学会放弃。当然，我们要的不是无可奈何的放弃。壮士断腕，就是在紧要关头，主动割爱，以期另谋出路。这是一种胆略与气魄，是一种勇气与智慧。有目的、有计划地放弃老的、陈旧的、劣势的、不能获报酬的东西，才是追求创新、规划远景所必须的成功条件。

摩托罗拉放弃了制造，将制造中心托付给新加坡和中国，赢得了研发和市场的战略制高点；万科放弃了电器贸易等赢利颇丰的项目，专注于住宅地产，最终成为中国地产巨头。舍掉眼前小利而带来的阵痛，终会消逝在收获更大的卓越带来的喜悦中。

你可能会在日常生活中遇到各种各样的事情，很多的事情等着你去解决。你可能会感到烦恼，感到压力大，忙不过来。在这个时候，你就可以对一些事情说"NO"。很多人不知道对哪些事情应该说"NO"，其实，只要是你所不擅长的，可能会花费你数小时的事情，而又不是你直接上司布置的，你都应该说"NO"，但是，请注意，不是只说个"NO"这么简单。

你可以运用智慧来说"NO"。例如：遇到一件事情，你先大致盘算一下你大约要花多长时间才能完成。如果只需10分钟，而你又很擅长，那么，你无论如何都不要说"NO"，但可以根据重要性，而将其安排在你的主要工作之后，例如，下班前10分钟或下班后10分钟来处理。如果需要你数小时时间，而你觉得通过这项工作可以学到东西，那么，你可以通过加班来接受这项工作——此时，受益的不仅是企业，而且也是你自己。

如果你实在觉得你的体力、精力无法应付，那么，你应该申请人力物力支持，也要申请时间的宽限。这也是说"NO"的一种方式。

还有，对于熟人拜托你去做的一些事，你要权衡一下，是否应该由你来做。如果你很不擅长，而且通过做该事也无法提升你的能力，那么即使拜托你的同事与你关系再好，也不能轻易答应他，否则事情耽误了，对他对你都不好。

你可以做一个时间进度安排表，并且理清楚事情的轻重缓急。

1．列计划。列出每月常规事项和非常规事项，根据权重、难易来安排先后。

2．宜早不宜晚。提前做好需要做的事情，才会有更多的时间思考接下来的事情。

3．分摊分权。选择信赖的人，将可以不亲力亲为的事情交给他们去做。

4．相互帮助相互学习。平时友善对同事，同事不会的可以及时告诉他们，到关键时刻也是可以帮忙分摊任务的。这样做，他们在适当的时候也会帮助你。

5．排出优先级。不是每件事情的重要性都一样，我们肯定从重要性最强的开始（当然，同时要考虑时效性）。

6．合理地计划和安排。有自己的“to do list”，每天针对已完成和未完成的进行总结。

7．适当地总结和归纳。有的事情，做了几次之后，应该总结出最快最好的办法，以后就有一个处理事情的思路了。

8. 对不合适的事情说“NO”。被交代的工作，并不是越多越好，因为一个人的精力有限，还是要适时地说拒绝。

工作效率的提升，本质上是“专注度”的提升。事先应定下一个时限，效率就会上升，但关键要区分好每件事情的轻重缓急，做一事，专注一事，不得有丝毫分心。

为什么你卖力加班却完不成任务

静琪来公司一个月了，她表示每天上班压力都很大，入职到现在，几乎每天都加班加点。由于自己是跨专业，又是新来的，所以经常会出一些错误，她说工作量太大了，领导已经多次指责她工作能力差了。

静琪现在郁闷极了，为什么自己这么努力，天天加班，还是干不好，其他人不加班都比她干得好？她觉得即使自己干不好，领导也不该这么指责自己，毕竟自己每天加班，没有功劳也有苦劳啊！难道真的是自己不行吗？静琪想要放弃了。

也许在你的工作中，也会遇到像静琪这种情况——工作能力不突出，压力大，被老板批评。其实，像静琪这样就属于逃避了，但逃避事情并不能真正地解决问题。问题还存在，这样在不断的积累中必然会给你造成更大的思想包袱。如果现在解决不好，即使再去其他地方也会遇到相同的问题。

因此，不管自己处理问题的能力如何，都要去尝试着处理，而且要认可自己的处理结果，因为只有真正地认可自己，才算是一个人成熟的开始，这样在逐步的摸索和学习中你必然会逐步改善自己的不足。只要努力了，不管是什么结果你都会得到相应的回报。因此，想各种办法来提高效率，坚持下去必然会促使你进步的。

工作以后还把“努力”当免死金牌的人，都是混入职场的“学生党”。当年他们考试没考好的时候，因为已经头悬梁锥刺股地努力了，所以父母心疼，老师同情，摸摸他们的小脑袋说“没关系，下次继续努力嘛”。而到了职场上，你最好不要再吃这些从学校带出来的“暖心药丸”，如果你还是没有脱瘾，那建议你问自己三个问题：

1. 你可以不“努力”吗

当然不行，因为“努力”这两个字，本就应该是每个人站在职场起跑线时的觉悟。这是最基本的角色设定。

2. 你的工资是按“努力”来计算的吗

当然不是，绩效的构成，无非是任务完成的数量和质量，也就是你做了多少和你做得多好，与你流了多少汗没有半点关系。“努力”了一天却没有像样的结果，那你今天对公司的贡献就是零。如果一家公司全是像你这样“努力”的人，你说前景会是如何?

3. 没有完成工作的前提下，“努力”很值得炫耀吗?

“工作是否完成”是基数，“你有多么努力”是系数。残酷的事实是，当基数为零时，系数再大也没有任何实际价值。试想，如果成龙没有那些好作品，他一身的伤还有意义吗?如果爱迪生没有找到钨丝，那他之前的上千次失败，谁又会知道?

努力并把工作做好的人，才是精英。所以越是工作没做好，就越不能声称自己“努力”了，反而要说“我还不够努力”，才能隐藏自己能力的天花板，让别人对你还抱有希望。

也许你很努力地加班到很晚，但是依旧完不成任务。那么，你应该看看下面的方法，或许可以帮助你提高工作效率：

1. 规划。用笔记本记录你每天的目标。把你每天完成了的和没完成的事情一一记录下来，做一个规划，看看先完成哪个，后完成哪个，某一项用哪种方法完成会更好。

2. 回顾。安排一个时间用来检视这个星期做了些什么，下个星期希望做些什么。问自己，是否有新的计划，现在做的是否更接近当初的目标。

3. 现在就做。用“现在就做”这句话来跟“拖沓”宣战。只给自己60秒的时间来做决定，当下决定如何解决生活中遇到的事情，即使你还不是很确定也要尝试着做决定。然后，一直前进。

4. 时间记录。律师需要记录下他们一天里所做的事情，以及做这件事情用了多久的时间，并以此来跟客户收费和做出解释。这是一个很好的方法，你也可以借鉴一下，记录你真正花了多少时间在某件重要事情上。

5. 向后策划。一种从目标返回来到行动步骤的策划技巧，首先在心中确立要达成的目标，需要哪些可用资源去达成，然后又需要哪些资源作为达成目标的条件，而这些资源又需要怎么来得到，等等，一直反推到我们拥有的可以马上使用的东西。这就是我们的下一步。

6. 戴上耳机。戴上耳机你就能给自己一点私人的空间。人们通常不会随随便便打扰戴着耳机的人。注意：戴上耳机之后，听不听音乐是由你自己选择的——反正只有你自己知道。

7. 单个任务。很多人总想象自己可以同时完成多项任务，事实上不能。当你处理多项任务的时候，实际上是把时间切碎并在多个任务上快速切换。由于我们通常需要花上一段时间才能真正进入状态（研究证明这时间长达20分钟），结果反而使工作成效更差。

8. 随时记录。随身携带可记录的工具——笔和纸，掌上电脑，一叠卡片。捕捉你头脑中闪过的每一个想法——无论是与你可能从事的项目有关的一个想法，或是你需要敲定的一个约会，再或者是你下次去商店要购买的东西。经常拿出来看看，然后逐个归类到待办事项，存档，帮助记忆。

用结果思维做事

俄罗斯有几个专门负责在公园种树的工人。有一天，路人发现其中两个工人的举动很奇怪：一个工人一边挖坑，另外一个工人一边填土，两个人都做得满头大汗。于是，路人就过去问他们俩，一边挖坑，一边填土，这不是徒劳吗？其中A就回答路人："公司安排，我负责挖坑，B负责把树苗放下去，C负责填土。今天，B生病请假了，所以为了要工作拿到工资，我们还得做我们自己本来该做的啊。"

这个案例很明显地说明了做事情不能盲目地做，局部地做，要从宏观层面出发，问问自己，你做这事，起作用了吗？产生价值了吗？如果没有，你何必做呢？如果有的话，你再想怎么样才能把它做好。

就像某个流程一样，关键环节缺少了，就达不到你要的结果和客户的满意，这样客户就不会认可你的产品，从而选择别的更有竞争力的企业合作。

凡事必有原因，在工作中，你要培养结果意识，只要结果不好就一定要找原因，只有这样你才能不断地提升自己的竞争力，不断地更好服务你的客户，这样才能更好地得到客户认可，让他们愿意为你的产品和服务买单，这就是你所要的最后的商业结果，也是一种双赢的结果。

任务不等于结果，理由不等于结果，态度好也不等于结果，职责不等于结果，完成任务还是不等于结果。那么什么是结果？

其实结果的定义很简单，结果指在做工作的时候时刻检讨自己，相信这样坚持下去，会让自己养成良好的工作习惯，并且会帮助自己快速地成长。

结果的本质是商业交换，个人只有做结果才会实现自己的价值，也才会有存在的意义；企业只有做结果才能获得持续的发展，实现企业的战略方针。

峻熙是市场策划推广的一名工作人员，最近他们市场部发生了一件大事，在一次加盟商策划活动中遭到了失败。

峻熙说加盟商做活动都是他们市场部提供活动方案，加盟商按照标准执行。在他们给加盟商策划的活动方案中，会给出准备的时间、活动的物料、活动目标客户的邀约名单、活动中各工作人员岗位职责的划分以及实现活动各时间段的具体工作，让加盟商能够顺利地执行活动。

但是这次活动却出现了到场人数不理想的情况，经过一番调查，最后才知道，原来是加盟商在派发入场券的时候太在意派发数量，而没有关注派发的质量，很多客户没有通过电话邀约就直接领取入场券，导致了结果不尽人意。

通过这次事件，峻熙认识到了结果思维的重要性，如果当初他们把握好每一个细节，就不会出现这种情况了。

有价值性、有意义、让客户满意，这样的结果才有产生的必要，否则结果是无效的。对员工来讲，做的工作要让上司满意，更要让客户满意，甚至超越他们的期望，否则，结果失效。

如果做了大量的工作，最后没能达成对方的买单，那么这种结果对公司本身而言是一种投资受损，反映在生意上就是亏了。对员工而言，就意味着自己大量的工作时间和精力付之东流了，没有得到回报，非常可惜。完成一项任务之后，要得到上司的正反馈和客户的付款，这个可交换性的意识要不断强化。

做好本职工作是必要的，但在现代企业管理流程中，员工仅完成本职之责是不够的，还必须在本职之责的外围做好预备机制。任务不是结果，因为任务很多时候只是个梗概，而结果却反映的是细节，完成梗概而没做好细节，结果一样是打了折扣，所以，结果是个系统而又细节充分的行动。

结果是一种商品，是企业和员工、客户进行价值交换的商品。结果有三要素：必能能量化，有价值，能交换。

下面是确立结果导向思维的方法。

1. 首先要调整职业的心态。大家常说心态决定行动，有价值的行动来自直奔结果的心态。你所有的行动和努力，目的在于“给客户提供物有所值的产品”，让客户获得价值。

你要树立一种能够激发价值行动的心态：不是想要，而是一定要。马上做，立即做，现在做，坚持做。天下事有难易乎？为之，则难者亦易也；不为，则易者亦难也。所以，行动决定结果，也只有行动才能够创造结果。

一个优秀的员工在接到上司的指令后，不是要考虑做不做，而是要考虑如何做，如何尽最大的努力做好。确立结果导向思维还要坚守执着，行动的道路不会一帆风顺，艰难险阻、挫折失败在所难免，实现结果，就需要你有一颗执着的心，坚守信念，勇敢面对，永不放弃。

2. 树立结果导向思维需要你树立高度的责任感。责任感是一种个人选择，是发自内心的个人职业素养，很难通过外力加以塑造，需要个人不断自我改进和提升。具有责任感的人不断克服现实的种种困难去实现预期的结果，认同“不是不可能，只是暂时没有找到方法”，不为失败找借口，只为成功找方法。

3. 结果导向思维说简单点其实就是“把事情做好”，尽职尽责，价值最大化地完成本职以及相关联工作，追求部门整体利益最大化，不计较个人得失，不计较小事。现实工作中的成功案例充分证明了这一点。坚持之，个人的工作必将进入良性循环，个人职业发展也将会进入快车道。

跟随什么样的老板才能前程锦绣

烨磊在一家企业做总监，他谈到自己能有今天，全靠自己的老板，是他的老板把他一手提拔起来的，他非常感谢自己的老板。他说有一次老板让他做一个新产品，由于没有经验，所以任务失败了，还给公司造成了一定的损失，他感到非常失落，他以为老板一定会严厉批评他，甚至辞退他。但是，让他没想到的是老板非但没有批评他，反而对他说："你做得很好，之前咱们产品的曝光率很低，自从你接手以来，曝光率高了，排名也高了，你先别急，天塌了也有老板顶着。"烨磊说，这句话给了他最大的动力，他发誓一定不会让老板失望的，从此一心投入到工作中，终于做出了今天的成绩。

在生活中，你可能会遇到各种各样的老板，但是，只有跟随一个好老板，你才能实现自己的人生价值，只有跟随一个好老板，你才能拥有你该有的锦绣前程。那么怎样才能找到一个好老板，怎样才能知道一个老板是否值得你跟随呢？

有这样的十种老板，他们身上具备着好老板的特征，遇到了一定要好好把握。

1．能够在员工需要的时候给员工提供指导，帮助员工发展的老板

老板虽然与下属是上下级关系，但是没有下属的支持和协作，再出色的老板都没有办法让公司正常运作。对企业来说，员工是重要的组成部分，

但老板不能只把员工视为“零件”，过于关心其业绩增长，而忽略员工的感受以及职业发展，这样的老板在团队中的威信就会降低，随之而来的员工消极怠工及人员流动频繁势必会造成公司人力成本增加、销售额下降等不良后果。而通过帮助员工个人发展从而实现公司业绩增长的老板，不仅会赢得员工的拥护，同时也会使公司发展的速度加快。

2. 行动目标明确的老板

这样的老板不会出其不意地腰斩你准备许久的方案，不会逼着员工在不可能完成的时间内完成任务，更不会三天两头冒出新的指示，让你“拆完东墙补西墙”。他非常清楚让下属通过什么样的方式，能够最快速最节省成本地达到既定目标，并且在适当的时候会给予关注和支持。此类老板的经营思维非常全面，行动力也很强，并且这样的做法会给员工信心和精神上的鼓舞，让员工“越战越勇”。

3. 敢于给员工犯错误机会的老板

这样的老板不以经验来判断员工的能力，而是通过发掘员工潜力来判断，敢于给员工尤其是新员工安排尝试和成长的机会，在实践中培养员工的工作能力。对于刚毕业的大学生或工作经验不丰富的员工来说，这是非常难得的有利条件。在这样的老板手下做事，即便在工作过程中出现了失误的情况，老板也会仔细为其剖析问题所在，然后指出正确方向，使新员工很快成长起来。

4. 有着良好的生活习惯和业余爱好的老板

热爱生活的人才能热爱自己的企业和员工，有着良好生活习惯和业余爱好的老板，不仅懂得在工作之余调节压力和情绪，还不会把下属逼成只会工作的“机器”，这类老板在工作和生活的切换中张弛有度，因此情商一般比较高，不会无端对员工发火，反而会与员工进行有效沟通，深得员工的拥护和支持。

5. 有成功经验的老板

如果你的老板整天都自夸说：“我虽然总是经历挫折和失败，但是我从来不会向失败低头，下次我一定会成功。”那么你要好好地了解一下你的老板，看他是否在处事和性格方面有重大问题，否则你在他的手下将会很难得到成长。记得一位心理学家说过：成功是有惯性的。有过多次成功经验的老板，总有他独到且成熟的成功秘诀，而且这类老板大多领导能力很强，是下属学习和模仿的最佳榜样。

6．懂得舍即是得的老板

这类老板懂得企业不是自己一个人的企业，而是把员工归作“企业利益共同体”，把员工的利益看做企业生存的根本。只有将企业变成全体员工的企业，企业才能保证可持续发展。当员工的凝聚力达到一定程度时，不仅能以少胜多，而且当企业遇到难关的时候，大家也能同舟共济，共度难关。

7．懂得授权与控制的老板

这类老板的工作方式是抓大放小，强化过程控制。跟着这样的老板，你能够很快得到能力上的提升，并且工作中很能放开手脚。同时，这类老板又不会随意授权，而是在适当的时候进行过程监控，保证任务的顺利完成。这样的老板信任员工，但又不因为对员工的过度信任而放弃给员工指导和帮助的机会。没有约束的权力等于没有约束，没有监督的权力等于没有监督，这类老板很懂得管理的精髓，值得跟随。

8．公正的老板

这类老板处理事情相对比较公平、公正，在处理任何事情之前都会兼听各方意见和建议，不听信一面之词。跟着这样的老板，哪怕是因为利益纷争而遇到成果被夺走的情况，也不用担心得到的结果会不公平。

9．心胸宽广的老板

这类老板善于发觉员工的潜力和优点，舍得在员工的发展前途方面投资，而这恰恰就是一个老板的魅力所在。这样的老板总是有着足够的自信，因为公司会给员工充分的成长空间，所以不怕培养起来的员工轻易流失掉，即便是已离职的员工哪天想回到公司继续工作，只要有良好的职业道德和工作能力，公司也仍然欢迎。任何员工，估计都会被这样的老板打动。

10．表里如一的老板

这类老板信守承诺，敢作敢当，有任何问题都会在适当的场合提出，绝不会背后扎黑刀。而且这类老板能够做到言行一致，绝不虚伪处世，跟着这样的老板，你会受他的影响，职业修养和职业道德都会得到很大提升和完善，早晚也会和他一样，成为同一类的优秀人士。

跟随这些老板，才能有锦绣前程。

发现再多问题，不如专注于解决一个问题

荣轩在一家外企工作，快到月底了，他觉得对自己这个月的工作状态不是很满意，好像很多东西都处理得不是很有头绪，没有很强的针对性，继而他不自信地认为，自身的能力存在很大的问题。荣轩说，他需要尽快把自己的状态调整过来，重新释放活力。

为了能有一个好的表现，他要让自己比别人更用心，更努力，做得更好，但是事与愿违，在他一个星期的努力下，工作质量并没有太大的改善。因为之前积压的问题太多了，根本解决不过来，经常是顾了这个，忘了那个。经过深刻反思，他找出了原因，还是因为自己太着急了，他觉得发现再多问题，一下子也解决不完，还不如专注解决一个问题，然后再解决下一个，这样总有一天会解决完的。于是，他对自己的工作进行了合理的规划和安排——应该做什么，不该做什么，先做什么，后做什么，什么重要，什么不重要，哪些事情想要达到什么样的效果。经过合理的安排后，荣轩发现一切都有了眉目，干活也清晰利索了许多，更加有激情了。又过了两个星期，情况终于有所改善。

有时候，你可能会发现身边有很多问题根本解决不过来，你甚至会感到心烦意乱，总是在做事情的时候无法专心，没办法去集中自己的注意力。如

果是这样的话，你可以尝试着去专心地做某件事情，暂时放下所有其他的问题，也许你会看到不一样的结果。

王通在《文中子·魏相篇》中提到过：“不广求，故得；不杂学，故明。”这两句话的大意是：不是广泛地寻求而是专心致志，因而能够有所得；不是杂乱地学习而是专攻一艺，因而能够精通。

也许你经常会觉得某个人如何成功、如何出色。其实他之所以成功或者说是出色，其中最关键的一个因素就是他做事用心。

用心做事，不仅仅是一个方法、一种技巧，更是一种态度、一种境界，是一个人不断完善自己的标尺，也是走向成功的第一步。

刘安在《淮南子·椒真训》中说过：“目察秋毫之末，耳不闻雷霆之声；耳调玉石之声，目不见太山之高。”这几句话的意思是：当人的注意力集中注视某一细小的东西时，即使霹雳闪电，也会充耳不闻；当人的听觉集中在音乐欣赏之中时，即使像泰山这样高大的东西，也会视而不见。以此教导人治学或做事时要进入类似的境界，要专心致志，乐此不疲，这样才能够有所成就。

专心做事其实就是一种注意力、思考力的高度集中，是一种对每一件事情都高度认真负责的人生态度，是一种不达目的不罢休的坚强意志，就像刘安说的那样。它体现为一种工作的投入，一种做事的激情，它一定会决定你学习、工作、做事、生活的“质”，而非“量”。

不管是古代的王通、刘安，还是现代的一些伟人，他们都认为自己的成功之道最关键的因素之一就是专心，专心是每个人都要掌握的最基本也是最重要的技能，它是决定一个人成功与否的关键。

如果你发现身边事情太多，无法专注地去解决一个问题时，不妨试试下面的方法。

1. 心理学上有一个效应叫“瓦伦达心态”，指专心做一件事情，越是谨慎，越是小心，超过了一个度，反而会因此出现问题，你要专心做一件事情，应该先学会去把握住这个度。

2．当你无法集中精力的时候，就要停下你所做的事情，去外面呼吸一下新鲜空气，眺望一下远方，舒展身体，让你的身体轻松一下，再继续进行这件事情。这样虽然会耽误几分钟，但是有助于你集中精力。

3．无法集中精力做事情的时候，你要给自己一个暗示，“我一定可以的”，进行一下放松训练，舒缓一下你的情绪，平静一下你的内心。

4．专心做一件事情之前，要把其他事情全部做好，或者先彻底放下，不要让其他事情去干扰到你现在所做的事情，琐事没有做完或者没有彻底放下的时候，总会让你去想着，无法集中精力去做一件重要的事情。

5．你可以选择自己喜欢的环境去做事情，一个自己喜欢的环境，能够很好地调动你的情绪，帮助你集中精力。

6．你要学会去思考，去静心，找到适合自己的方法，找到你最容易接受的方式去做一件事情，达到专心的效果。

只有在集中精力的时候你才能真正地学到东西。集中精力具有强大的威力，专心致志时人可以忘掉自我，忘掉疲劳，增加时间的持续性，提高效率。

第三章

你以为你很专注，为什么结果南辕北辙

你隔一会儿就很认真地刷一次朋友圈

思涵说在刚接触微信的时候感到非常新奇，一天到晚不定时地刷，老是要看看人家在朋友圈里说了些什么，自己也是想说什么就说什么。有一段时间，朋友圈里更新的尽是成功学、吃喝玩乐、代购和鸡汤，恰逢思涵抑郁发作，怨恨得不行，总觉得别人都过着努力奋斗的生活，家人和睦，工作顺利，身体健康，只有自己什么都干不好，生活一点都不如意，于是朋友圈里她不再发出任何声音，只是刷刷看看，安安静静的。

过了一阵子，思涵想了一个办法，她清理了一些微信好友，包括那些已经不在自己生活圈子里的和已经消失不见的，还有之前迫于面子加为好友的陌生人。同时，她又加了一些自己感兴趣的公众号，例如心理学、宗教、禅修、花、茶、书等领域的。

不久之后，朋友圈里多了一些更真实的声音和分享，这些人不是完美的，天天正能量的，不是事业有成，吃穿不愁的，他们是真实而真诚的，有血有肉的，有喜有悲，有思考，有坚持的。

现在，思涵还是会用一天N次（N大于或等于10），一次5~15分钟的频率刷朋友圈，不过跟以往不同的是，她懂得了选择，不会花时间在自己暂时没有兴趣和需要的分享中，更不会过分投入到别人的喜怒哀乐里面。她也不会随意转发心灵鸡汤，不会轻易评论人家，所有分享和互动的内容都是和自己有同频共振的，这让她感觉到自在、自然，很舒服。

思涵说她还是喜欢点赞、评论，还是喜欢被点赞、被评论，但是更多地把关注放到了自己，以及自己喜欢和关心的人身上，而不是所有人。当看到与朋友们的互动是真实的，忠于内心的，思涵就会觉得好自在，好愉悦。

朋友圈的信息性质主要有三个方面：

1．即时性。你可以看到某人今日的心情状况、活动安排、生活内容，借以了解此人。但这些信息一旦过了一段时间就毫无用处。

2．展示性。发在朋友圈的东西不可能代表你全部的生活，人永远是把生活细节经过艺术加工和拔高之后展示于人前的。真正的烦恼、缺陷、痛苦，不可能体现在朋友圈中，这就使得朋友圈的信息看上去与真实情况有一定的距离。

3．社交性。朋友发了美食、旅游图片，你在下面点赞、评论，这类耗费一定时间精力的互动行为都是基于“在公开社区与人产生联系”的想法。与人产生联系是一个最简单最普遍的自我定位行为，通过发布信息，和特定群体交往，往自己身上贴上了种种标签，这一方面是告诉别人自己是个什么样的人，更重要的另一方面是告诉你，你自己是一个什么样的人。

当你对以上三个方面有了了解以后，就会发现哪怕不看朋友圈你也不会失去什么。你既不喜欢看别人的表演，也没兴趣了解别人给你贴的标签，别人的生活细节对你也没有参考作用。

关闭朋友圈后，你会感觉生活少了很多杂音噪音，多了一些专注力。你非但不会为关闭朋友圈感到遗憾，甚至不想重开。

你也不必太高估朋友圈的社交价值了，实际上，对一般用户，它根本是一个时间产出比非常低的东西，大家就是用大量碎片时间来完成低水平、浅层次的交流。也许你会在别人评论下客套来客套去，但不可能说出什么有价值的话。而只能通过朋友圈联络的人，也不会带来什么有价值的关系。人的时间精力都是有限的，有的人选择和朋友互发朋友圈，沟通交流，维系感情，有的人选择利用这些碎片时间，做其他的事。

有多少人，在吃饭的时候，是一边吃一边玩手机的？有多少人，是一边走路一边玩手机的？有多少人，在工作岗位上，是一边上班一边玩手机的？有多少人，在空余时间，把时间都花在玩手机上？归根结底，不是朋友圈的问题，而是生活方式的问题。用不用朋友圈，不重要，重要的是，你能否能管理好自己的行为。能控制好自己的欲望，选择在正确的时间做正确的事情，是智慧。人与人的关系，不在于用什么工具聊，而在于沟通，真正的沟通是跨越时间与地域的距离的。

对于朋友圈你不妨做到以下四点：

1．营销类微信号直接屏蔽。不需要的营销微信定期删除，有些需要的隔一段时间比如两周左右打开看看。

2．新交的朋友考察两周左右再决定怎么处理。

3．秀恩爱、秀小孩、秀大餐的选择性屏蔽。她们只是为了抒发自己的幸福情绪，却不知道这种信息看多了让人腻味，价值不大。

4．心灵鸡汤类。根据鸡汤的作用和美观程度决定是否屏蔽。

做到以上四点后，如果发现你再无朋友的，说明你的交际圈出现了重大问题。这时你需要自我审视了，是不是你不够优秀而交不到内心充实的朋友。建议关闭微信，从今天开始好好学习、努力工作。

如果你尚算一个积极乐观、热爱生活、拥有稳定友谊的人，你的朋友圈在屏蔽掉以上几种内容后应该出现以下情况。

1．出现一批每天读书看电影有感而发的朋友。大家分享读到某一本书、看完某一部电影之后的感想，一起看过的朋友可以相互探讨，没有看过的可以列表收藏。

2．出现一批热衷美图美文轻音乐推荐的朋友。听着朋友花心思“淘”到的唯美音乐，你在工作一天之后，疲惫感顿时减轻了许多。

3．出现一批分享重要、新奇行业资讯的朋友。这取决于个人朋友的质量。

朋友圈就像自己的书房，需要你经常打扫，清理一些灰尘和垃圾才能保持整洁。定期增加质量过关的朋友，会让你的书房不断加入新鲜的血液，即使只是身在书房，也可以一览众山小。

你下班后很专注地在网上打游戏

若然和浩轩恋爱7年终于走进婚姻殿堂。浩轩工作还算努力，但月薪只有2000元左右，不过工作轻松，每天朝九晚五外加双休，下班就玩网络游戏。家里的家务都是若然在做，若然白天工作，晚上回去做家务，每天的劳累和老公的懒惰让若然很是反感。

若然不止一次劝过浩轩，让他利用晚上的时间学点东西，找份工资高点的工作。可是浩轩一直拖延，总是敷衍说过段时间吧，然后马上又玩起了网游。巨大的工作压力和生活压力让若然透不过气来，浩轩则认为自己下班打打游戏没有什么大不了的，现在他们俩几乎天天为此吵架、冷战。

接触过网游的网友都知道，几乎所有的网络游戏都有一个本质的特征——“没完没了”，玩家一玩上瘾就要准备打持久战。商家开发网络游戏，最终目的就是为了盈利，开发人员的费用、服务器费用、维护宣传费用等，最终都要玩家来买单。

为了挣钱，网络游戏开发设计的理念就是让你无休止地玩下去，投入大量的时间和金钱，给你安排足够复杂曲折的任务，让你感受到乐趣，获得满足，再不定期地升级，开放更高的级别和任务……如果让你几天就玩到头了，那它怎么盈利呢？

为了缓解压力，短时间地玩玩网络游戏还勉强可以接受，长时间地打游戏不但会损害视力，还会造成颈椎、腰椎疼痛，长时间的不运动会令肌体萎缩，造成不可逆的身体伤害。

也许下班以后你很容易就会陷入懒散状态，你可能一回家就忍不住打开电脑玩网游。其实你可以利用这些时间做一些有意义的事情，比如看书，打扫车库或去商店买些生活必需品。

作为上班族，你可能会抱怨每天不是在上班就是在上班的路上。其实仔细想想也不是这样的，晚上的闲暇时间你用来干什么？很多人一回想，除掉吃饭睡觉看电视，就剩下打游戏了。

茜茜前年通过各类考试作为优秀人才被招聘到机关宣传办，她说哈佛有一个著名的理论：人的差别在于业余时间，而一个人的命运决定于晚上8点到10点之间。她毕业后由于专业原因，分配得特别不好，而且在分配的单位一待就是七年，这七年，跨越了她最好的年华。这七年，她干了什么？按说，她所在的国企不死不活，混日子倒是好混的，循环往复，庸庸碌碌，很多人根本不会思考什么“不切实际”的东西。她呢，不一样。上班大家都一样，按部就班。下班以后呢？每天除掉吃饭睡觉干琐事外的时间，她跟别人不一样，大家的书是一本一本地看，或者一年看不上一本，她是一摞一摞地看，开始撰写各种专业论文，隔一段时间，她还会参加几个培训班，日子排得满满当当。第八年的年初，在机关宣传办进行的选拔考试中，她考了第二名，加之面试时得体的语言和训练有素的姿态，让她很快脱颖而出。进到新单位以后，她自然是如鱼得水，现在她拿着高薪，婚姻美满，孩子健康可爱，她通过自己的努力，成了人生的赢家。

如果你要让自己与别人不同，如果你要让自己的未来比别人好，如果你要让自己的生活更加美好，那么从现在开始就好好利用你的业余时间吧！

如果下班以后，你感觉无所事事，很想打游戏的话，那么不妨试试做一些有益的事情。

沉溺于网络游戏中的人，很大一部分是因为在现实生活中没有找到有趣的事情，或者觉得没有好玩的东西，所以才选择网络游戏，在虚拟的世界中进行角色扮演找到快乐。这种情况下，你不妨平时多和朋友交流，一起寻找共同的爱好，比如打球、旅游等，培养健康的娱乐项目，在这些项目中你会获得成就感和满足感。

或者你可以安排一次长途旅行或度假，去亲近大自然，体验大自然的鬼斧神工，感悟大地的力量和胸怀。在这段时间里，暂时忘记网络游戏带来的快乐，然后仔细思考一下人生和未来，总结一下：网游到底带给了自己什么？带给自己的是真正的快乐吗？在网游中叱咤风云是不是特别虚无缥缈？

如果你没有毅力和条件去创造一个这样的空间，也可以尝试一下暑期特训等类似的活动。适度游戏益脑，沉迷游戏伤身，合理安排时间，享受健康生活。

没完没了地玩网游其实是一个不好的习惯，你要树立信心，要知道自己的一切行为其实都由自己掌握，最终能否戒掉网游还是要靠自己强大的内心。

你每天都专注于向家人朋友抱怨

哲瀚最近过得非常不顺心，毫无预兆的失恋，慌乱的搬家，突然的工作调动……一切都发生得太突然，让他措手不及，一时半会儿简直反应不过来，不知道自己要做些什么才能应对突如其来的变化，只好抱怨起来："我怎么那么痛苦啊，我爱的不爱我；我怎么那么倒霉啊，要离开单位最好的部门；我怎么那么悲催啊，什么好事都轮不到我，坏事倒是一件接一件！"可当他发泄完毕，发现生活并没有因此有任何改变，他还得理清思路去面对，去处理。

永远不要抱怨生活，越是艰难越要迎难而上，一味的抱怨只会让你觉得更挫败。其实你可以试想一下，即使生活中发生什么不好的事，你抱怨完还是要面对。怎么样都要面对，为什么不能积极一点儿？生活从来都不可能是一帆风顺的。每时每刻都有各种痛苦与磨难，承受的，不是你也会是别人。此时，态度决定一切。

抱怨对你的工作没有任何帮助，相反，抱怨太多不仅使人厌烦，而且还会危及你自身在公司的位置。当你的能力和才华不被认可时，当公司的工作环境令你不满意时，抱怨和生气是最低级的反应态度。如果你是聪明人的话，你就应该用勤奋来改变这一切，用事实去说话！

生气不如争气，事实才是最有说服力的。当你的价值不被别人承认的时候，最好的办法就是用实力来证明你能行！生气从某一方面证明了你自己都不太相信自己，告诉自己一定能行，用积极的心态面对困难，做出成绩给别人看，才是你该做的。

抱怨是一种毒，适当的抱怨可以是情绪的发泄，可以是心情的调整，但是，当到达一定程度，就上了瘾，甚至会传染别人，害人害己。其实，对人生大可不必抱怨什么，你做不了大事，可以做小事，你做不了大人物，可以做小人物，量力而行，自得其乐。其实，你抱怨的越多，内心的痛苦越多，抱怨的越少，乐观就会越多，当把抱怨当成一种习惯了，那也就是丢失了整个世界。

如果你能做到不抱怨生活，也不失为一种人生的智慧，同时也就具有了豁达的胸怀，健康的心态，那时，你会发现属于你的生活也变得阳光许多。如果你能做到不抱怨别人，也是一种美德，也就懂得了感恩，懂得帮助是互相的，懂得关心也是相互的。如果你能用亲切的态度对待别人，别人也会给你一个清爽的微笑。如果你能做到不抱怨生活，不抱怨别人，从自己身上找原因，扭转一下看问题的角度，懂得世界上没有完美的事情，任何事情都有一个逐渐完善的过程，这样就可以心平气和地感受生活之美了。

美国著名的心灵导师威尔·鲍温，发起了一项“不抱怨”活动，邀请每位参加者戴上一个特制的紫手环，只要一察觉自己抱怨，就将手环换到另一只手上，以此类推，直到这个手环能持续戴在同一只手上21天为止。觉得很难吗？不到一年，全世界就有80个国家、600万人踊跃参与了这项运动，学习为自己创造美好的生活，让这个世界充满平静喜乐、活力四射的正能量。而你也可以成为其中的一份子，戴上紫手环，接受21天的挑战，为自己创造心想事成的无怨人生！

21天不抱怨手环的使用方法如下：

1．开始将手环戴在一只手腕上。

2．当你发现自己正在抱怨、讲闲话或批评别人时，就把手环移到另一只手上，重新开始。

3．如果听到其他戴紫手环的人在抱怨，你可以指出他们应该把手环移到另一只手上；但如果要做这种事，你自己要先移动手环！因为你在抱怨他们抱怨。

4．坚持下去。可能要花好几个月，你才能达到连续21天不换手、不抱怨的目标。

平均的成功时间是4~8个月。还有，放轻松一点。刚才所谈的，只是被“说”出来的抱怨、批评和闲话。如果是从你嘴里说出来的就算，要重新来过；如果是用想的，那就没有关系。不过你会发现，就连抱怨的想法，也会在这样的过程中消失殆尽。

你专注于改变自己的外貌，一遍遍进出整容机构

英国女子沙赫纳兹·哈恩在30岁前，她的人生目标只是安安分分地做好大学讲师的工作。那时的她只追求事业成功，一直致力于学术研究，而无暇顾及自己的形象，终日素面朝天。哈恩认为，自己相貌平平，长着一张书呆子的脸，虽然谈不上丑陋，但在人群中并不出众。可经过百般思考，她竟得出一个极端的结论——人们对她的容貌毫无兴趣，如果不改变容貌，就无法得到她期待的恋情，而实现自己婚姻梦想的唯一方法就是通过整容再造美丽。

自此，哈恩踏上了历时近10年、花销超过2万英镑的整容之旅。为了追求心目中的“完美容貌”，哈恩不惜千里迢迢前往国外接受整容手术。她的足迹遍布世界多个国家和地区，包括克罗地亚、美国和泰国。

如此大费周章使哈恩不得不身兼数职。然而，在这条漫漫整容路上，哈恩的情感世界一直保持空白。

整容行为本身是人对于美的一个追求过程，只与个人的生活方式和审美指向有关。但是过多的整形就会显得整容者不自信了，不断整形是一种掩饰自卑的做法，可能人在内心深处觉得自己不够好，不讨人喜欢，但又需要别人喜欢和关注自己，于是希望借整容来迎合别人的审美观点，获得别人的欣赏，甚至是喜爱。但一次整容只能缓解一段时间的焦虑，于是就需要不停

地整容，来获得内心的平静。说到根源，还是心理障碍导致的。整容专家说："像哈恩这样不断整形的人群，多是因为对自己不够肯定，从而导致整容成瘾。"

专家认为整容成瘾源于偏执的心态：

1. 不认同自我。受术者讨厌原来的自己，不愿意看到"她"，甚至想丢掉"她"。把曾经在生活中遇到的不如意归咎到自我容貌的缺陷上，简单地说，就是不认同自我身份，对于自己的出生、成长，还有自我的存在，都不接纳，但是那种不接纳的感觉又不足以使自己想结束生命，于是受术者选择去尝试改变。

2. "心瘾"。受术者在手术结束后，效果满意，得到赞赏，之前积累的紧张等心理能量就会得到释放，从而产生愉悦感、满足感。如果一个人整容后产生的愉快感、满意感，远大于手术带来的痛苦感，以及对整容失败的恐惧时，这种满足感反过来又强化了整容的行为，于是一整再整。

3. 不切实际。对整形美容手术过度要求完美，抱有不切实际的幻想。这类受术者其实是患有"幻丑症"的心理疾病，总认为自己长相丑陋，不断整形，不断追求完美，始终不满意整形结果，总试图通过整容来达到自己理想中的模样。

接纳自己比整容更让人成长，心理医生指出，整容成瘾其实与购物成瘾相似，都属于强迫症范畴，都存在强迫行为。这种心理疾病，如果得不到及时纠正，可能会造成更加偏执、焦虑，严重的还会引发精神疾病。减缓"整容成瘾"所带来的困扰，专家建议：首先，轻度患者可采取自我放松，比如做深呼吸练习，多参加集体活动及文体活动，多从事有兴趣的工作，培养生活中的爱好，以建立新的兴奋点去抑制病态的兴奋点。其次，重度患者可寻求心理咨询方面的帮助，比如可使用支持疗法，以小组治疗形式，将有相同困扰的人聚在一起，在专业人员指导下，找出导致症状的原因，彼此支持，互相启发，有针对性地解决各自的问题。

心理医生强调，爱美是人类的本能，也是天性。但人的美是多层次的，它不单是眉毛、眼睛、鼻子、嘴巴等五官的绝对美丽，而是一种立体、协调的感觉。因此，求美者在进行整形美容之前一定要从自己的实际情况出发，调整自己的心态，学会接纳不完美的自己，在考虑做整容之前，需要做好一定的心理准备。比较容易操作的自察方法是，问问自己：我选择整容的真正原因是什么？它能给我带来什么好处，同时可能带来什么负面的东西？万一整容失败了我打算怎么去面对？最后，有必要指出的是，不要盲目去整容。

你平均每天花费在电视机前达三个小时

露露读大学时，是远近闻名的校花。毕业之后，她从众多竞争者中脱颖而出，被某跨国公司录用，两年后，嫁给了自己的上司，辞职回家做起了全职太太。

离开竞争残酷的职场，人一下子放松下来，每天早上睡到自然醒，收拾收拾去超市逛逛，做做饭，洗洗衣，拖拖地。有时候老公有应酬，她就对付一下随便吃点，这剩下的时间就交给电视了。没多久，露露就发现自己长出了小肚腩，人也变得没精神了。

现在很多人平时工作压力大，每逢周末、晚上就不愿再去外面奔波，只希望安静地躺在家中床上美美睡一觉，或者盘腿坐在沙发上毫无目的地调换电视频道。这种一有空就喜欢往沙发上靠的人，被称为“沙发土豆”。这个称呼听起来似乎蛮可爱，可如果真正成为“土豆”一族后，很多不良后果就出现了。

首先，一个人长时间坐在沙发上，就如土豆一样一动不动，时间长了，人就像土豆一样胖胖圆圆的。其次，对健康的影响显而易见。现代医学研究表明，由于长期坐在沙发中不运动和不自觉地在看电视时摄入过量食物，“沙发土豆”们易患胆结石、心血管疾病、心理孤独等疾病。再次，那些公司高管、老总等事业出色的人几乎没有谁天天守在电视前，一位年轻的女董事说过平均每天看电视超过三个小时以上的人，一定都是那些月收入不超过两千元的。最后，看电视还会令人养成一个坏习惯，即不能主动生活的坏习惯，它把你有限的精力和时间给抢走。乔布斯说过看电视的时候，人的大脑基本停止工作，电视对人的精神和心智是有害的，经常看电视会浪费时间并且使大脑变得迟钝。

如果你把电视当作一项爱好来专注，那么你不妨来看看它带给你的危害吧。

1. 浪费时间。当你在看电视时，你就做不了任何其他事。花时间看电视，类似于把时间用在睡觉上。问题在于，你是否想花更多的时间在前一天的睡觉上。

2. 错失社交活动。你花在看电视上的每一个小时就是你没能活出精彩生活的另一个小时，本来你可以和家人一起玩耍，和朋友一起出门闲逛，或是做你喜欢做的事。联系，是你拥有的一个基本的人类需求，而看电视是无法满足的。

3. 给你灌输大量负面情绪。不少电视节目都带有负面因素，如果你过多地观看此类节目，就会不自觉地接收到负面能量。

4. 电视毒害了你的信念。在喜剧里，你总是嘲笑那些愚蠢的、肥胖的、有社交障碍的以及其他各色人群。悲情故事里则充满了苦痛、灾难和死亡，虽然这都是为了创造戏剧效果，但所有的这一切都在影响你的人生观，以及你看待世界的方式。

5. 它激发了你不切实际的期望。电视节目扭曲了你对现实的理解，在每一部电视剧里，都有帅哥靓女，他们做着令人惊喜的事情，经历着伟大的冒险之旅。问问任何一位电视或电影明星，只要他们头脑还算清醒，他们会告诉你，你在屏幕上和杂志封面上看到的形象完全是假的。

你是不是把生活浪费在看电视上了？很少有人会意识到看电视给生活带来的种种弊端。很多人会反驳说看一小会儿电视无伤大雅，但关于“一小会儿”是多久存在争议。尼尔森报告指出，美国人平均每周看电视的时间超过34小时。

如果这个数字没有让你感到惊讶，我不知道还有什么能让你惊讶。如果你现在在想“这些人太疯狂了，我可不要看那么久”，那么请你自己算算，这周你看过的电视剧总时长，还可以算上看过的电影、视频，等等。那就是你每周浪费在看电视上的时间，你可以把这些时间用在陪伴家人、朋友，看书、学习以及其他的放松方式上。

你工作的时候想着玩，玩的时候又惦记工作

萱萱发现自己最近专心不下来，每次上班的时候就觉得好无聊，好痛苦，好郁闷，想着要是可以去哪里玩多好呀，什么时候下班啊，回家后要干什么呢……情不自禁地一整天都想着这些。结果到了真正下班时，她又觉得很累，什么都不想干，想到一天的时间又这么蹉跎了，而且很快就要单位考试了，她还没准备好，有好多资料要整理，好多要看的内容还没来得及看，想到这些，她觉得自己都快得忧郁症了。最后，萱萱觉得玩也不愉快，看书又不甘心——好不容易盼到下班，终于不用再受煎熬了，为什么自己又要找些苦受啊。她心里纠结得一团乱，最后什么都没干成，真到被逼着要考试时，才临时抱佛脚看一两天的书，最后当然考得不尽如人意。

她想了很多办法，比如写计划书，每天规定任务。结果呢？要么就是短期有效，三天热度；要么就是干脆拒绝实施，写得出做不来，一看到那些事情就烦躁得很，就开始拖延，找借口等；要么就是虽然勉强按照要求做到了，但还是质量不高、敷衍了事；要么就是在郁闷中完成，搞得天天精神紧张，郁郁寡欢，都怀疑自己这样下去会不会得忧郁症，本来好好的学习计划最后又前功尽弃了。

你可能和萱萱有着一样的烦恼，要怎么样才可以改变这种从小就养成的

坏习惯呢？怎样才可以快乐地完成任务？怎样才能玩也玩得好，工作也做得好呢？

曾在一篇散文中看到这样一段话：

“假如我又回到童年，我就要养成专心做事的习惯，做一件事就决不被任何东西分心。我要牢记：一个成功的滑冰手永远不尝试同时滑向两个不同的方向，如果我们尽早养成这种聚精会神的习惯，它将成为我们生命中的一个部分。”

这段话初读起来，似乎是一段写给年轻人的励志格言，其实，细细品味却不尽然，它不仅适用于年轻人，同样适合于你人生中的每一个阶段；不仅适合于学习知识和完成工作方面，同样适合于生活中的各个环节。如果你能养成这种好习惯，并使它成为你生命中的一个重要部分，不言而喻，你必将终生受益。

生活中，也许你常常会遇见一些人，一天到晚忙得团团转，像上了发条的陀螺，不得一刻安闲，一件事情还没有做好，又去忙其他事情去了，由于头绪太多，整个人看上去手忙脚乱，心神不定，可是，忙来忙去，转了无数个圈，却似乎还在原点，到头来该做的事情一件也没有做好，他也不知道整天都忙了些什么。

究其原因，是没有专心做事。就像一棵树，长主干的的时候，就应该一门心思往上长，专注地向上，心无旁骛，淡定沉着，长足了身高，再分叉发侧枝不迟，若早早分了叉，生长点分散了，就达不到应该长成的高度了。做一件事情也是一样，只有专心致志，全力以赴，才能沉住气，静下心，深入思考，分析研究，从容不迫，一步一个脚印，扎扎实实、有条不紊地工作，把事情做精做好，最后圆满完成。若是心有旁骛，左顾右盼，必然会心浮气躁，手忙脚乱，敷衍了事或半途而废，更不要说把事情做得完善或者完美。

很多人从童年时代就没有养成专心做事的习惯，读书期间，不能专心致志地读书写字，自然不会有好的学业成绩，长大以后，工作了，也不能专心、用心于业务工作，日常生活中也就不能安分守己地做好份内的事情，最终荒废一生，一事无成，空留懊恼和遗憾。

生活中，你也许常有这样的体会，即使是做一件小事，如果不专心，不用心做，也不可能做好，因此，一次只做一件事情，全神贯注地去做，努力避免被其他的事情和想法分心，一旦分了心，要引导你的的注意力重新回到你正在做的事情上就很难了。

对于大多数人而言，一生的工作时间也就是三十几年，而这三十几年被称作“生命的黄金时期”，是人一生中精力最充沛、最能出成果的时期。所以一定要不负光阴、不负年华，勤奋努力、专心做事，争取成就一番事业。付出与得到是成正比的，专心做事，能够耐得住寂寞的人，终将在这三十几年中取得丰硕的成果，积累一定的财富，拥有更精彩的人生！曾经听到有人套用孔子的话讲自己：“三十而立，四十而不惑，五十而知天命，六十而名扬天下。”那份自足和自豪、意气风发溢于言表，也确实令人羡慕。

专心做事，用心做人，会影响和改变周围的环境。当你周围的人都在专心做事，你所在的公司和你个人就进入了出成果的最佳时期。如果大家都能抓紧时间奋发拼搏、互帮互助、携手努力，就会形成使你迅速成长进步的绝佳环境。

第四章

你专注地做了很多事，为什么一件也没成功

半途效应：不能坚持到底，只能前功尽弃

不知道大家有没有看过漫画家张新华的漫画《挖井》，这幅漫画画的是一个小伙子拿着一把铲子，挖了一个坑没有找到水，又换个地方挖一个坑还是没有水。只要挖几下没水，他便不耐烦，急于换下一个地方重新挖。看这幅漫画的人，都会在心里暗笑，傻瓜，把一个坑挖深一点，水不就出来了吗?

这种情况何止发生在挖井上呢？生活中这样做的也不乏其人！他们看起来认真努力，却每每浅尝辄止。通常他们做事时都会有一个很好的开头，然而随着时间的流逝，他们渐渐地坚持不下去，事情做到一半就放弃。特别是那些连续性的事情，不仅费时，而且容易遗忘上次的进度，要再继续做时，可能要从头开始，因此令他们产生了放弃的念头。心理学上将这种现象称作“半途效应”。

半途效应是指在激励过程中达到半途时，由于心理因素及环境因素的交互作用而导致的对于目标行为的一种负面影响。大量的事实表明，人的目标行为的中止期多发生在“半途”附近，在人的目标行为过程的中点附近是一个极其敏感和极其脆弱的活跃区域。

现实中，很多人往往都是这样，已布置的工作，如果没有督促就不会有积极的反馈。比如许多公司年初开列一系列计划目标，并且细分到每个部

门甚至每个人，但是到了年底，这些计划、任务完成得如何？哪些已经完成了？哪些还没有完成？离目标值还有多少距离？无法完成计划的原因何在？要么统统没有下文了，要么只有包含着大量“大约”“可能”等词汇的含糊不清的总结。

之所以会这样，是由于生活中很多人在解决问题时，只是习惯于把问题从系统的一个部分推移到另一部分，或者只是完成一个大问题里面的一小部分，而并没有从实质上去解决问题。正如很多人有一种把工作做了一部分，就放在一边的习惯，并且他们充分相信，自己似乎已经完成了什么。事实果真如此吗？

阿里巴巴总裁马云曾说：“我不知道该怎么样定义成功，但我知道怎么样定义失败。那就是放弃，如果你放弃了，你就失败了；如果你有梦想，你不放弃，你永远有希望和机会。”有的时候成功离你真的只有一步之遥，之所以与成功失之交臂，就是因为缺乏对自己的那份认真的坚持。

其实，无论我们做什么职业，做多久，我们都应该以一种善始善终的专注心态做好应该做的事情。这不仅仅是我们的职业道德所要求的，也是我们人格魅力的体现。

对于每个人来说，做事需善始善终。因为只有这样，在职场的激烈竞争中，才不会被淘汰，才会有立足之地。如果一味抱着“下一份工作会更好”的想法，往往会给人留下虎头蛇尾、稳定性差的印象，我们就会永远处于寻找“下一份工作”的状态中。如果你也是抱着这个想法的一员，如果你的生活被半途效应所影响，那么不妨试试下面这些方法。

1．确立适合自己的目标

有些人很想把某件事情善始善终地干完，但往往因为事情的难度太大而难以坚持。对毅力不太强的人来说，在确定自己的奋斗目标时，一定要坚持从实际出发，秉着由易入难的原则。要是在一开始没有把握的情况下，就提出过高的指标，结果计划很可能实现不了，信心也必然锐减，纵使平时有些毅力的人，这时也可能打退堂鼓。

2. 遇到难题时给自己一些冷静思考的时间

现实里很多人在走向目标的路上，往往看不清自己坚持的方向是否是对的，因为缺乏独立判断的能力，而总是怀疑自己的选择是否是最佳的，在这种畏手畏脚的犹豫中，如果没有太多的进展，也就慢慢放弃了坚持。因此，当你的生活中被各种迷茫充斥时，你真的应该试着让自己冷静下来，梳理清楚所面临的问题，从而找到突破口。

3. 别被短暂的喜悦冲昏了头

在生活中有一个常见的现象，人在为目标奋斗的过程中取得一点点进展的时候，往往会奖赏自己放纵一下，这样就很容易让自己脱离正确的轨道。所以当你发现自己已经取得了一点点进展的时候，一定要提醒自己，要继续加油，因为目标还没有实现呢！

善始善终地工作，不仅是一种责任，更是一种良好的品行。只有这样，我们才更有可能得到成功的青睐。

布利丹毛驴效应：你在犹豫中浪费了多少时间

朵朵周末的时候陪表妹一起逛街。表妹打算买一件衬衫，但她的眼光实在太挑剔，整条街逛了个遍，还是没有确定买哪件，于是朵朵只好又陪着她去了地下商城。转了好大一圈之后，表妹终于在一间小店里看中了一件雪纺衬衫，穿上很漂亮，她点头说："这件衣服我还是挺喜欢的。"朵朵长吁一口气，以为"长征"即将结束，不料紧接着，表妹的后半句来了，"不过领子有点低，我不太习惯，还是再看看吧。"

于是两个人接着逛。大概一小时后，表妹终于在另外一家店找到一件颜色差不多的衬衫，领子比原先的那件要高，穿上也很适合，但是表妹又怀念起之前那件了，说这一件感觉袖子穿着不太舒服。朵朵无语，只好和她重新回到第一家店，可是找了一圈都没有找到原先相中的那件衬衫，于是朵朵向店员咨询，才知道那件衬衫10多分钟前被一个客人买走了。表妹后悔不迭，一下午的时间白白浪费，最后只能怏怏地空手而归。

生活中，你是否总为一些选择所纠结？例如：你想要读MBA，却又想先工作一阵子；你想出去郊游，又想在家把剩下的几集美剧看完。面对生活上种种的选择，你不断地在一个又一个的路口驻足，从而白白浪费了不少的时间。这样的事情在我们身边屡见不鲜，看似忙碌的生活却不一定真的充实，大多数人都在这件事情和那件事情中徘徊奔走，时间都浪费在了纠结和犹豫上。很多时候我们下不了决心是因为选择太多，我们面临的诱惑太多，这些选择和诱惑促使我们无法做出选择，这种现象被称为“布利丹效应。”

布利丹效应是从一个外国成语引申而来的。14世纪，法国经院哲学家布利丹，在一次议论自由问题时讲了这样一个寓言故事：“一头饥饿至极的毛驴站在两捆完全相同的草料中间，可是它却始终犹豫不决，不知道应该先吃哪一捆才好，结果活活被饿死了。”由这个寓言故事形成的名词“布利丹驴”，被人们用来喻指那些优柔寡断的人。后来，人们常把决策中犹豫不决、难作决定的现象称为“布利丹效应”。

生活中，我们几乎每天都在面临选择：周末外出散心，是去市内还是郊区？和几个好久未见的好友小聚，是去吃川菜还是东北菜？月末拿了薪水打算买一件合适的衣服，是买衬衫还是买T恤？下班高峰期道路拥挤的时候，是打车还是坐公交……你总想得到最佳的那个选择，可是，“最佳决策”常常把你弄昏了头。

有时，事实总是爱和我们开玩笑。当我们将事情想得很周全，把信息掌握得很全面时，我们以为，把事情分解成几个步骤，并且每一步都不出差错，最后一定能收获满分的结局。到头来你可能会发现，你思考时间最长的那个决策，反而做得漏洞百出；你掌握信息最多的那件事情，反而决定最不明智。

在国外，心理学家做过这样一个实验，要求参与者分辨一个奇怪的旋转符号在电脑屏幕中的位置，这个符号将在屏幕上出现650次，每次出现的位置都不同。一旦参与者的眼睛看到了那个旋转的符号，研究者就关掉屏幕，然后分别给参与者0~1. 5秒的思考时间。结果发现，在0.5秒以内做出的决定，正确率可以达到95%；而超过1秒的思考时间，给出答案的正确率就只有70%了。这表明很多时候我们不仅在犹豫中花费了更多的时间，并且更多的思考时间也没有帮助我们做出更为正确的选择。

布利丹效应的形成，貌似是由于很多看似很好的理由诱惑我们，但本质所透露出来的却是选择标准乱、决策慢的问题。譬如一个人总是在犹豫，该把时间花在运动上还是午睡上，结果犹豫了一个中午的时间，什么也没做。其实，与其纠结于选择，不如把纠结的时间花在任意一个选项上面。我们要摆脱过多无用的纠结，要明白，鱼与熊掌不可兼得，面临两难选择时，不要举棋不定，跟随你的想法，果断作出决定。

如果你无法快速有效地进行抉择，那么你可以试试“直觉决策”这个方法，就是依据客观事物在头脑中留下的第一印象，在极短的时间内想出办法，做出选择。

很多著名企业的管理者，也很喜欢用直觉思维。而且，往往是职位越高的决策者，越重视敏锐的直觉。当你想要理清逻辑与理性的时候，他们就只抛三个字——“凭感觉”。

直觉决策，用最简单的语言表述就是：寻求满意的选择而非最优的选择；整体把握而非细节思考；以自己作为参考点推测和把握，排除较差的而不是总寻找最好的；在满意的时候立刻决策而不是等到最后一刻；给自己一个时间限制，不要无限思考。

有的时候，你越想让这个选择有足够的理由，并且以后不会为之后悔，你后悔的可能性越大。就像你越想做好一件事，反而越容易把这件事搞砸一样。让你失策的，正是希求“最佳”的那颗心。我们与其绞尽脑汁地分析自己应该怎样抉择，不如抓住眼前的机会，全力把眼前的事情办好。

不值得定律：只在值得做的事上付出专注

许枫是某高校计算机专业的硕士毕业生，专业技能十分扎实，在一次大型招聘会上被一家游戏公司看中。进入公司没多久，许枫很快便为公司开发出几款优秀的游戏软件，而且市场销售情况良好，得到了众多同事的称赞以及部门领导的肯定。

在能力获得广泛认可后，许枫很快被提升为部门经理。几个月后，领导对许枫的才能表示非常欣赏，于是决定把他调到总经理办公室从事管理工作。这下许枫可犯了愁，因为他知道自己的能力仅限于软件开发方面，对于管理工作可是一窍不通，更重要的是自己并没有从事管理工作的兴趣。碍于领导的面子，虽然自己是十分不愿意，但还是硬着头皮接受了。

投入到管理工作之后，许枫虽然还像原来一样认真去做好工作，但是结果却不能令人满意。这也使得许多领导对许枫的工作能力有所不满，并多次找他谈话。许枫为此非常苦恼，在经过慎重考虑之后，他毅然向领导提出放弃管理工作，专心从事游戏软件开发工作的请求。很快，许枫便凭借自己优秀的专业能力，为公司开发出多款优秀的软件，人也变得活跃起来。

不值得定律最直观的表述是：不值得做的事情，就不值得做好，这个定律似乎再简单不过了，但它的重要性却时时被人们忽视。不值得定律反映出人们的一种心理：一个人如果从事的是一份自认为不值得做的事情，在做事的过程中，他的内心就会产生抵触情绪，保持冷嘲热讽、敷衍了事的态度，更谈不上投入和发展。这样不仅会导致成功率低，而且即使成功，也不会觉得有多大的成就感。

很多时候，不值得做的事情犹如鸡肋，食之无味，弃之可惜，让人犹豫不决，既不甘愿就这么放手，又不想好好做，最后往往敷衍了事，得过且过。正因为抱着这种想法，很多人忙碌了一辈子，回过头来却发现自己并没有做过什么有价值、有意义的事情，一辈子都在瞎忙，所以一生都没有成就感，充满遗憾。日常生活中也是一样，我们每天都在做很多事情，有些事情做了老半天，费尽周折，最后却往往发现其实根本没有必要去做。

职业是人生的必要的选择，当今社会很少有人可以摆脱职场生涯，对待工作，不同的人有不同的态度。为什么有的人在工作中，总有那么多的问题需要解决和处理，有的人却觉得工作是日复一日的重复，根源出在两类人内心的天平有所不同。一个人，想要好的发展，先应该考虑到自己的付出是否有价值，要发自内心地把自己选择的工作视为值得做的事情，这样就会发现工作中的乐趣。

千万不要单纯地认为闲着的时候随便做点什么，总比什么都不做要好，这是没有明确价值观的人才会说的。把一件事情做得乱七八糟还不如不做，因为外界各种各样的原因而随便找份事情做的人，一定要清醒过来，在努力处理好这些阻碍之后重新上路。不值得去做的事情，我们不会想付出我们的全部努力去做，而敷衍其实是一种时间、资源的浪费，还不如用这些时间去做我们觉得值得做的事情。

值得与不值得认真去做如何区别，是我们在现实生活中面临的重要问题。不能够正确区分值得与不值得，将会给我们的人生带来诸多困扰。那么，究竟如何才能避免走入“不值得”的误区呢？

1．树立正确的人生观和价值观

观念改变，对于生活的选择才会改变。不能从内心深处突破思想的牢笼，自己内心深处真正的渴望也就无法得到释放。只有树立了正确的人生观和价值观，才能让我们能够更加深入地去观察周围的事物，在考虑事情的时候才能够更多地顾及到他人的利益，而不只是考虑个人的得失，更多地为社会的公平、正义去考虑。经过这样的思考，我们才能正确判断什么值得我们专注去做。

2．在实践中丰富自我阅历，一切从实际出发

陆游的《冬夜读书示子聿》中有这样一句："纸上得来终觉浅，绝知此事要躬行。"这也就是说从书本上得到的知识终归是浅显的，要想对事情有深入的了解，必须要自己动手、亲身实践。人生是一个伴随着年龄增长，知识和阅历都会不断丰富的过程，这一切的来源其实都离不开实践，实践出真知，只有不断地去融入生活，去真正地体验和感受，我们才能在关键的时刻做出最正确的决定，在多种选择面前应付自如。

3．要学会换位思考

有一句话说得好，叫"当局者迷，旁观者清。"我们在面临值得与不值得的选择时，总会陷入艰难的境地，很大程度上是因为不能看清事物本身。从迷局中出来，让我们以旁观者的姿态，来看待自己当前所面临的处境，才能使我们更好地理清其中的是非曲直，更加全面和客观地对所面临的各种选择做出合理评价。

4．凡事要三思而后行

不经大脑的思考，而是凭直觉做出的选择，都是不理性的，这样的结果也往往不能令人满意。事情都有其复杂的一面，凡事都应该多听、多看、多想。要知道，每个人都有不知道的东西，每个人的能力和认知都是有限的，所以应该认真听取别人的意见，并在实际过程中多多留心观察，多多进行思考。在经过这样的过程之后，我们才能对事物有更加理性的评价，才能够减少失误，做出正确的选择，避免一些不值得的事情发生。

思考事情值不值得认真去做，对于我们的生活具有重要的意义，如何做出最正确的选择，更是我们必须要了解的。值得做的事情就要认真去做，只有这样，我们才能获得真正意义上的成功。

羊群效应：盲目跟风会败得很惨

李典高中那会儿是个淘气包，成绩不好，还总逃课，几乎成了所有老师的“重点点名对象”。高考结束后，一门心思不在学习上的李典放弃了上专科学校的机会，而是跟家里商量了一下，最后去了一所厨师培训学校学习烹饪技术，三年后，李典顺利地毕了业。

李典刚毕业那会儿，仗着自己有技术，又不甘于给人打工，看着别人开店很容易，于是也做起了开店挣大钱的美梦，他跟几个朋友借了点钱开了一间小饭馆。当时李典老家那边流行吃火锅，于是李典在最繁华的一条小吃街租下了一间不到50平米的小店，也干起了火锅生意，当时没想别的，就是看别人做火锅生意红火得不得了，也跟风做了。

按理说，李典的这间店若是经营好了，即使大钱赚不到，赚点辛苦钱应该还是有保障的，然而，不出半年这间小店便倒闭了。分析倒闭的原因，要从开店说起，李典当时根本不知道什么是市场定位，只知道一整条街的小饭店都是弄火锅的，他和别人干的一模一样，小店又比别人开得晚，没有积累太多口碑，来这里吃饭的顾客自然比较少。终于，因为利润不高，小店只运作了不到半年就倒闭了。而此时的李典，连开店时向朋友借的钱还没有还清。

羊群行为，最早是股票投资中的一个术语，主要是指投资者在交易过程中存在学习与模仿现象，“有样学样”，盲目效仿别人，从而导致他们在某段时期内买卖相同的股票。在一群羊前面横放一根木棍，第一只羊跳了过去，第二只、第三只也会跟着跳过去。这时，把那根棍子撤走，后面的羊走到这里，尽管拦路的棍子已经不在了，仍然像前面的羊一样，向上跳一下，这就是所谓的“羊群效应”，也称“从众心理”或者“跟风”。

所谓“跟风”，就是看见别人做什么，自己便也学着去做什么，不问其做得有否道理、意欲为何。“看着路在车轮下延伸，看着一年年时光飞逝，就像一片片夏日农田，1965年那时我17岁，我在一刻不停地奔跑……”女友离开后的一个午后，阿甘望着自己美丽的花园静静地发呆，突然，他开始奔跑。奇特的是，尽管阿甘一言不发，甚至不知自己为了什么一直奔跑，但是当他四次穿越美洲大陆后，逐渐有人追随他的脚步，慢慢地，人越来越多，后来有一群人跟着他一起奔跑。当他最终停下来，说自己太累了要回家时，那些人自动退开一条路，但是不知该何去何从。电影《阿甘正传》中勾勒的奔跑画面，正是戏剧化了的羊群效应。

现实生活中，羊群效应比比皆是。选择餐馆时人们愿意选择最热闹、顾客最多的地方；网上冲浪时喜欢浏览点击量最高的网站；看电影时也会选择票房排行较好的影片……至于投资决策时，羊群效应就更加明显了：基金经理在决策时往往会跟从其他基金经理的一致选择，中小投资人的投资决策更会依赖“大户”的决策。可是，根据别人释放的信号做出自己的决策是否真正能够帮助我们做出正确的选择，减少我们决策时的风险呢？答案显然是不能的。反之，羊群效应本身抑或是造成投资的高风险和股市剧烈波动的根源呢？很多时候，“跟风”不仅仅会给我们带来经济上的损失，更重要的是让人逐渐丧失独立思考能力，从而生活在瞒和骗中还不自知，心甘情愿地被他人左右和要弄。

生活中促使人们盲目跟风的无外乎有两个原因，一是对信息的掌握不够充分，二是对事件的走向无法作出明确预判。在这两大原因交互作用下，人们普遍倾向于把事情想得更糟一些。其实对于一些传言和谣言，大家只要冷静地思考，稍加判断就会辨明是非，但事实上，有些网友只是去盲目地跟风转发谣言，而对于事实的真相却都不怎么关心，或者真相跟他们听信的谣言反差太大，他们都不愿意去相信。朋友们，当我们再次面对那些无稽之谈时，一定要理智，一定要淡定，切勿盲目跟风。

很多时候我们不得不放弃自己的个性去“随大流”，因为我们每个人不可能对任何事情都了解得一清二楚，对于那些不太了解、没把握的事情，往往“随大流”。持某种意见人数多少是影响大家是否从众的最重要的一个因素，很少有人能够在众口一词的情况下，还坚持自己的不同意见。压力是另一个决定因素，在一个团体内，谁做出与众不同的行为，往往给自己招来“背叛”的嫌疑，会被孤立，甚至受到惩罚，因而团体内成员的行为往往高度一致。

“羊群效应”告诉我们，许多时候，并不是谚语说的那样——“群众的眼睛是雪亮的。”在市场中的普通大众，往往容易丧失基本判断力。人们喜欢凑热闹、人云亦云。群众的目光还投向资讯媒体，希望从中得到判断的依据。但是，媒体人也是普通群众，不是你的眼睛。你不会辨别垃圾信息就会失去方向。所以，收集信息并敏锐地加以判断，是让人们减少盲从行为，更多地运用自己理性的最好方法。

对于身处职场中的人而言，羊群效应也十分普遍。IT行业赚钱，大家都想去从事；做管理咨询赚钱，大家又一窝蜂拥上去；在外企干活，成为一个嘴里常蹦出英语单词的小白领，看上去挺风光，于是大家都去学英语；做公务员很稳定，收入也不错，大学毕业生都去考公务员……其实，面对种种的风潮，我们要用自己的脑子去思考，去衡量自己。

我们应该去寻找真正属于自己的工作，而不是所谓的“热门”工作，都说“男怕入错行，女怕嫁错郎”，“热门”的职业不一定适合我们，如果个性与工作不合，努力反而会导致更快的失败。我们还要留心自己所选择的行业和公司中所存在的潜藏危机，任何行业和企业都不可能是“避风港”，风险永远是存在的，必须大胆而明智地洞察。在有了基本的危机意识之后，自然就要预备好对策，当危机真正到来时才不会惊慌失措。在畅销书《谁动了我的奶酪》中，坐吃山空的小老鼠最终没有奶酪可吃，而有危机意识、到处寻找新的奶酪的小老鼠，却在旧的奶酪吃光之前，就寻找到了新的生机。

巴纳姆效应：不要用别人的标准来衡量自己

某师范大学中文系有一位学生，是学校里大家公认的“作家”，无论多么有难度的题目，他都能写出很有水平的文章。有一次，学校举办作文大赛，他连初赛都没有参加，就被中文系的教导主任直接保送进了决赛现场。可是，决赛当天，由于身体不适，他在比赛中完全无法集中自己的注意力，最终在那次比赛里遭遇了滑铁卢，甚至连个安慰奖都没有拿到。

获奖名单发出来之后，虽然也有人提起他，但是更多的人关注的却是一等奖的获得者。这件事已经过去了很长时间了，他还在为上次的失误而郁郁寡欢。他一遍遍地到系主任那里去解释：“我那天有点发高烧，精神状态不好，写到一半就睡着了，要不然，我一定可以取得名次的。”系主任安慰他：“没有关系，下次努力！”可是他仍然见了系主任就提这件事情，最终把系主任搞得无比头疼。

在日常生活中，人既不可能每时每刻去反省自己，也不可能总把自己放在局外人的位置来观察自己。正因为如此，个人便过分地希望借助外界信息来认识自己。可是个人在认识自我时很容易受外界信息的暗示，从而常常不能正确地认知自己。

一位名叫肖曼·巴纳姆的著名杂技师在评价自己的表演时说，他之所以很受欢迎是因为节目中包含了每个人都喜欢的成分，所以他使得“每一分钟都有人上当受骗”。

心理学研究揭示，人很容易相信一个笼统的、一般性的人格描述特别适合他。即使这种描述十分空洞，他仍然认为反映了自己的人格面貌。心理学上将这种倾向称为“巴纳姆效应”。

正因为如此，人常常迷失在自我当中，很容易受到周围信息的暗示，并把他人的言行作为自己行动的参照。

这就可以解释生活中我们为什么总是喜欢询问别人类似于“你觉得我这个人怎么样”这种问题，尤其是看到懂星座的，都会迫不及待地要求对方分析一下自己的星座。古希腊人刻在阿波罗神庙的门柱上的三句箴言之一“认识你自己”，不仅是哲学的永恒命题，也是每个普通人的好奇所在，人人都渴望跳出自我，借助别人的眼睛了解自己。

其实生命是自己的，我们大可不必用别人的标准来框定自己人生。如果你想讨好所有人，满足所有人的标准，最终的结果只能是迷失自己。你不可能让所有人对你满意，因为每个人都有自己不同的标准。试图让所有人都喜欢你，是徒劳无功的，也是对自己的不负责任。不要迷失在别人的评价里，用心倾听自己内心的声音，做自己就好。

生活中，总会有人说你好，也会有人说你不好，但只要做人做事问心无愧，就不必执着于他人的评判。无须看别人的眼神，不必一味讨好别人，那样会使自己活得很累。当有人对你有不敬的言语，请不要在意，更不要因此而起烦恼，因为这些言语改变不了事实，却可能搅乱你的心。无论何时都请不要让别人否定的目光扰乱你内心的平静，你要知道，这世上有两种人：一种人会消耗你的能量和创造力；另一种人会给你能量，支持你的创造，或者只是给予一个简单的微笑。拒绝第一种人，让自己快乐起来，去做自己想做的。有人不喜欢，由他去吧，快乐是一种选择——你的选择！活着不是为了取悦他人。

在这个世界之上十全十美的人是不存在的，每个人都有自己的优缺点。

心理学研究表明，在人际交往中人们并不喜欢那些在他人面前表现得完美无缺的人，而最受欢迎的恰恰是那些把真实的自我袒露在他人面前的人。所以你在与他人交往时不要去过分关注对方对你的影响如何，也不用太在意自己的表现如何，只要尽到了自己的礼节和真诚，同时把自己所要表达的意思传达给了对方，你就已经做得很好了。

对于年轻人来说，由于一直渴望充分展示才情，当机会突然降临在他们面前的时候，很多人都会一下子变得手足无措。第一次演讲、第一次独立做事、第一次被领导委派任务，你可能会紧张得一夜都睡不好觉。这时，你一定要明白，你周围的人都有自己的事要做，他们没有那么多时间把注意力完全集中到你身上，他们还是把你当成一个普通人来看待，他们并不期望你能干出多么惊天动地的大事，你只要和别人一样，按部就班地做了、说了，就算圆满完成任务了。

有人也许会说，好不容易等到了机会，为什么不借此一鸣惊人呢？其实，在这个越来越理智和多元的时代，一个人的优点是要通过很长的一段时间，经过一系列事件才能展示出来的，一亮相就想获得满堂喝彩的场景只会出现在电影中。相反，初出茅庐者过分地标新立异反而容易引起人们的反感。你唯一要做的，就是让人们看到你确实为此做了充分的准备，你有一个很认真的态度，这就足够了。

卡耐基说过一句话：“你见过一匹马闷闷不乐吗？见过一只鸟儿忧郁不堪吗？之所以马和鸟儿不会郁闷，是因为它们没那么在乎别的马、别的鸟儿的看法。”别人的看法或许很重要，但自己对自己的看法才是最重要的，只有自己成为了自己，那么你才能在社会中活得更潇洒。

做事要用心，而不仅仅是努力

江源和庄慧毕业后去了同一家服装厂上班，可是一段时间后，江源在公司里青云直上，当上了主管，而庄慧却仍在原地踏步，还是一个普通的员工。

庄慧很不满意老板的不公正待遇，就到老板那儿发牢骚。老板听完后，说道："庄慧，你去批发市场看看，有没有批发布料的。"20分钟后，庄慧从批发市场转了一圈，回到公司对老板说："批发市场有两家批发布料的。"老板问："那么布料的价格是多少？"庄慧想了想说："这个倒是没注意，刚才您只说让去看看有没有卖布料的。"老板笑笑说了句"没事"，然后又叫她去看看。如此往复，老板问了5个问题，庄慧就跑了5次批发市场。

老板对她说："现在请你看看江源是怎么做的。"于是老板也让江源去看看批发市场有没有卖布的，江源很快就从集市上回来了，向老板汇报说："到现在为止批发市场只有两家布料店开门了。第一家主要批发牛津布和帆布，价格倒是还算合理，不过考虑我们公司最近的生产路线，我并没有细问。第二家店主要批发印花布，我们公司最近在生产夏装，那些布料上的印花图案很符合现在服装市场的潮流，因此我拿回几块布店不要的边角料做为样品，您可以看一下。"说罢，江源从背包里翻出几块碎布递给了老板。从始至终，庄慧都站在老板的后面，当她看到江源的表现后，终于明白了自己和她之间的差距。

在职场中，我们总能看到这样的情况，很多人在接到上级的命令后，为了表示积极性高，一句“好的”，就开始埋头苦干，然后辛辛苦苦干了半天，但领导并不认可你的付出。为什么？究其原因，是你没有真的领会领导的目标、需求和标准。

每个公司都有经营上的总目标，这个目标要分解到各个部门，再由部门分解到每个员工身上。反过来推一下，每个员工真正地完成自己的工作任务后，部门的目标就会达成，而每个部门都完成了任务后，公司的目标就会达成。有一句职场老话，“要站在领导的角度去思考问题”。当接到上级下达的命令后，真的要换位思考一下：“我的领导他的目标是什么？如果我是他，我安排这项工作的目的是什么呢？”这些都是帮助你出色完成任务的最关键的信息。还有，领导安排工作有时候会出现指令不清晰，任务目标模糊的情况，这个时候一定不要急着开始做，而是花时间跟领导一起捋清这项工作。

或许有些人并不服气，依旧坚持着自己的想法，他们会想：“我们每天很努力很认真地为公司做事，可为什么最后不但功劳不是自己的，还挨了上级的一顿‘板子’？”其实你所谓的“认真做事”，在上级的眼里不过是按照单位规定的细则去办，不违反规则罢了，这样的你虽然不会把事做错，但只能说你已经基本完成了本职工作而已。而“用心做事”，则是不但要按照领导的指令去做，而且还要有一定的悟性和创新意识，主要是围绕怎样把事情做得更完美来动脑子，这样，上级就会说你很好地创造性地完成了工作。

认真做事可能更多的是迫于外在压力，机械地完成某件事，而用心做事除了有认真层面的意义外，更多的是发自内心的、用心智做事。虽然用上述两种方法最后都完成了工作，但效果却不一样，前者是按步就班，后者强调运用智慧，毫无疑问后者更易得到认可！那么，怎样才是“用心”呢？“用心”就是用头脑去思考，用思想去指导，用观念去武装，用行动去落实。只做表面文章而不能深入到实质不算“用心”，只是为了做事而做事不是“用心”，对工作推托扯阻更谈不上“用心”。

对个人而言，用心不仅仅是一种态度，它更是一种能力。一个用心的员工，就绝不会允许自己粗制滥造，就绝不会允许自己重复错误、浪费时间；一个用心的员工就是对自己负责的人，也是对企业、对社会负责的人，这样的人就是社会需要的人；一个把用心融入到自己的工作中并形成习惯的人，就会比别人更出色！

工作是每个职场人士施展自己才能的舞台，我们每个人都需要工作，通过工作体现自身价值，在工作中创造自身价值。我们应该明白，用心对待工作中的每一个环节、每一个步骤，工作才能出色、才能趋于完美。要在工作中坚持一种积极的心态，工作就会变得积极主动。我们也应该懂得，成功没有捷径，只要我们比别人多做一点儿，工作用心一点儿，态度诚恳一点儿，成功的可能就会离我们更近一点儿。

用心工作与不用心工作有很大的区别，你用心了，便有一份责任、一份力量、一份感情；你用心了，便会在你所做的事情中感觉到生活的动力和生命的意义。

用心工作不仅仅是用心思考、努力做事，它还要求我们专心投入，全力以赴。用心工作体现了一种态度、一种责任、一种精神，用心让你的工作效率和质量都得到了很大提高。

用心工作不仅仅是一种态度，更是一种责任、一种境界。“世上无难事，只怕有心人”，无论做什么事情，只要我们用心去做，将情感融入其中，一切问题都会迎刃而解。

每一个企业的老板都是十分精明的，他们都希望拥有更多优秀的员工，期望优秀员工给企业带来更多的利润。如果你能够用心尽到自己的本分，尽力完成自己应该做的事情，迟早会成为企业不可或缺的优秀员工。

可惜的是，在现实的工作中，很多员工只知道抱怨公司，却不反省自己的工作态度，似乎根本不知道被公司重用是建立在用心完成工作的基础上的。他们整天应付工作，并发出这样的言论：“何必那么用心呢？”“说得过去就可以了。”“现在的工作只是个跳板，那么用心干什么？”结果，他们失去了工作的动力，不能全身心地投入工作，更不能在工作中取得斐然的成绩。最终，聪明反被聪明误，失去了本应属于自己的升迁和加薪机会。

其实，对员工来说，用心工作才是真正的聪明，因为用心工作是提高自己的最佳方法。你可以把工作当作一个学习机会，这样不但可以获得很多知识，还为以后的工作打下了良好的基础。用心工作的员工不会为自己的前途操心，因为他们已经养成了一个良好的工作习惯，到任何公司都会受到欢迎。相反，在工作中投机取巧或许能让你获得一时的便利，却在心灵中埋下懒散敷衍的隐患，从长远来看，是百害而无一利的。

无论你做什么工作，无论你面对的工作环境是松散还是严谨的，你都应该用心工作，不要老板一转身就开始偷懒，没有监督就没有工作。你只有在工作中锻炼自己的能力，使自己不断提高，加薪升职的事才能落到你头上。反之，如果你凡事得过且过，从不用心工作，你就会被老板毫不犹豫地排除在他的选择之外。

用心工作是员工的成事之基，用什么心成就什么事，用多大心成就多大事，因为机遇总是留给有准备的人。

第五章

你专注于一个方向，为什么没有做出成就

“路径依赖”原理——正确的选择就等于成功了一半

“你对自己的现状感到满意吗？”这是职业规划师经常问的一个问题。“不满意，但我没有更多的选择。”这是最常听到的回答。我们也许会奇怪，为什么如此多的人对自己的现状毫不满意，却不试图去改变它？而这，不也是发生在我们每个人自己身上的问题吗？其实困扰我们的这个问题正是“路径依赖”。

第一个明确提出“路径依赖”理论的是美国经济学家道格拉斯·诺斯。诺斯认为，路径依赖类似于物理学中的“惯性”，一旦进入某一路径（无论是“好”的还是“坏”的）就可能对这种路径产生依赖。某一路径的既定方向会在以后发展中得到自我强化，人们过去做出的选择决定了他们现在及未来可能的选择。好的路径会对企业起到正反馈的作用，通过惯性和冲力，产生飞轮效应，企业发展因而进入良性循环；不好的路径会对企业起到负反馈的作用，就如厄运循环，企业可能会被锁定在某种无效率的状态下而停滞不前。而这些选择一旦进入锁定状态，想要脱身就会变得十分困难。

“路径依赖”让职场人士在想要重新择业时，往往要面对诸多的困难：已经习惯了某种工作状态和职业环境，并且产生了某种依赖性，重新做出选择，会丧失许多既得利益，甚至大伤元气，从此一蹶不振。

在现实生活中，路径依赖现象无处不在。一个著名的例子是：现代铁路两条铁轨之间的标准距离是四英尺又八点五英寸，为什么采用这个标准呢？原来，早期的铁路是由建电车的人所设计的，而四英尺又八点五英寸正是电车所用的轮距标准。那么，电车的标准又是从哪里来的呢？最先造电车的人以前是造马车的，所以电车的标准是沿用马车的轮距标准。马车又为什么要用这个轮距标准呢？因为古罗马人军队战车的宽度就是四英尺又八点五英寸。罗马人为什么以四英尺又八点五英寸为战车的轮距宽度呢？原因很简单，这是牵引一辆战车的两匹马屁股的宽度。

有趣的是，美国航天飞机燃料箱的两旁有两个火箭推进器，因为这些推进器造好之后要用火车运送，路上又要通过一些隧道，而这些隧道的宽度只比火车轨道宽一点，因此火箭助推器的宽度由铁轨的宽度所决定。所以，今天世界上最先进的运输系统的设计，在两千年前便由两匹马的屁股宽度决定了！

人们关于习惯的一切理论都可以用“路径依赖”来解释。它告诉我们，要想路径依赖的负面效应不发生，那么在最开始的时候就要找准一个正确的方向。每个人都有自己的基本思维模式，这种模式很大程度上会决定你以后的人生道路，而这种模式的基础，其实是早在童年时期就奠定了的。做好了你的第一次选择，你就设定了自己的人生。

因此，我们一定要正确对待路径依赖，让它带给我们正面的影响。

1．重视首份工作

对首份工作来说，做好选择最重要。越到后面，要想摆脱原已熟悉的职业路径就越困难，成本越高，风险越大。建议从选择自己感兴趣的，同时也是较为符合自己个性、能力的专业学习做起，为自己量身定制一个既具挑战性，又不失客观、实际考量的职业生涯规划，按照规划一步步走下去，这样有利于职业发展的良性循环。

2．认清形势，两手准备

如果能够比较早地认识到自己真正的兴趣和能力所在，并明确适合自己的职业路径，而现实的发展又和这条路径不相一致，在这种情况下，如果自己有强烈的意愿想回归真正适合自己的那条职业路径，就应当及早做好两手准备。一方面等待合适的时机准备投入到自己喜爱的工作中去，一方面如果客观条件不允许或不成熟，选择继续留守等待时机则是相对保险的选择。每个人的具体情况有所不同，应细细权衡。

3. 做完选择，果断执行

选择就意味着有两个或两个以上的备选答案，按照游戏规则，顾此失彼，选择了就得牺牲一部分利益和机会，任何选择背后都有代价，但是选择又是不可避免的。当然，需要我们选择的都是不确定的问题，要是能够肯定地知道结果，并很清楚怎样做最好，那就不存在选择问题，直接执行就是了。所以，既然选择是不确定的，而且选择了就会有损失，那么一旦做好了自己认为合适的选择，就坚决地执行下去，犹豫不前只会令你错失良机。

孔子曰："少成若天性，习惯如自然。"在职业生涯中，我们无法摆脱这种路径依赖，一旦我们选择了自己的"马屁股"，我们的人生轨道可能就只有四英尺又八点五英寸宽。以后我们可能会对这个宽度不满意，但是却已经很难改变它了。我们唯一可以做的，就是在开始时慎重选择"马屁股"的宽度。

漏掉的瓦片效应：别只关注自己的缺点

小琴性格偏内向，平时也不大说别人缺点，但是对自己和自己的朋友，小琴最先看到的总是缺点，很难看到优点，或者说优点不足以抵消缺点。

小琴其实也觉得自己这样很不好，总看到自己的缺点令自己很难建立自信心，总看到别人的缺点，令她容易对人抱有偏见。她很想改掉这种习惯，但是不知道该怎么做，“我不会当面或背后说别人的缺点，但是自己心里却记得很清楚。”这让小琴忐忑难安。

心理学上有一种“漏掉的瓦片效应”，讲的是一栋房子顶上铺满了密密麻麻的瓦片，但有的人在看房顶时，不是看铺得很好很整齐的瓦片，而是专看那一块铺漏了的瓦片。其实那块漏掉的瓦片指的就是我们身上的缺点和不幸，生活中，如果一个人只看到自己的缺点和不幸，他将是一个不快乐的人，一个悲观主义者。如果将缺点和不幸放到显微镜下面，那是一件多么可怕的事情，而悲观主义者总是喜欢放大自己的缺点和生活中所遇到的障碍。这个效应专门用来比喻一些这样的人凡事专挑自己的缺点，总是爱自己为难自己的行为习惯。

也许很多人会有疑问，这世上还有人愿意为难自己？有的，这种人还很多，你只要仔细观察一下身边的人就会发现。比如一个衣服破了洞的人，一到人群中就专门注意别人的衣服；一个皮肤黝黑的人最先留意的就是别人的皮肤；一个口吃的人最关心的就是别人说话是否流利。总之，他们习惯于拿自己的缺点与别人比较，对自己的优点却视若无睹。

这些人常常盯着自己的不足，久而久之就会在心中形成惯性，总认为自己有缺陷，这也不行，那也不行，时间一长，就会失去信心和创造力，沉浸在烦恼中，无法自拔。这样不但无法弥补自身缺陷，反而会增加自己的烦恼。

人活在世上本来就是件很不容易的事情，又何苦为难自己呢？每个人都会有自己的缺点，总把目光定格在自己的缺点上，还拿来跟别人的优点比较，必然会比得垂头丧气、信心全无，这样的人又怎么会快乐得起来呢？千万不要为难自己，不要跟自己过不去。人人都会有缺点，坦然地接受它、面对它，才不会被它打倒。

或许你没有使用过苹果公司的产品，但想必你一定知道苹果公司那个意味深长的logo——被上帝咬过一口的苹果，它并不会因为缺口让人觉得难看，那个缺口反而成为它的“特点”。这就是悦纳，是自信的力量来源。说到这里你一定已经想到了，也许你也可以尝试着心平气和地面对自己的特点，而不是对着镜子一味责怪它们影响你的美丽。每天早晨睁开眼时，微笑着告诉你手臂上的疤痕和不整齐的牙齿，你愿意接纳它们成为自己的一部分。当你可以跟这些特点很好地相处，也许就会惊喜地发现，正是这些不完美的特点造就了你的与众不同。到那时，你就不会再害怕别人发现你的这些特点，反而会坦然地跟别人分享它们背后的故事。它们会成为你自信的标志，为你独特的魅力锦上添花。

当你还执着于追求完美、不肯放弃时，不妨想想“每个人都是被上帝咬了一口的苹果”这句话。你自己之所以有这样那样的不足和缺陷，只不过由于上帝特别喜欢你，所以咬的这一口更大一些罢了。其实生活中我们并不需要去刻意追求完美，因为根本追求不到。因此，让我们不妨把“完美”抛开，做真实的自己。

1．“放纵”自己

不妨按时下班，所有休息时间都用来休息，让办公桌上堆得一团糟，允许自己几次未能按既定计划完成工作。然后问问自己：你受处罚了吗？生活还正常吗？你是不是更加快乐？也许你会很惊讶地发现，一切照常运转，曾经非常担心的事情其实并没有那么严重。

2．健康地过活

选择自己喜欢的健身方式进行锻炼，例如，养成晨跑的习惯，红润的脸色和矫健的身材会比任何护肤品更使你年轻有活力。工作之余逃离城市，让自己以最自然的状态亲近自然，学会享受阳光，懂得享受生活。

3．不对自己求全责备

无论是生活上，还是工作上，给自己定的目标最好是那种“跳一跳，能够着”的，只要对得起自己的努力和良心，不要太在意上司和同事对自己的评价，否则，遇到挫折就可能导致身心疲惫。不要为了让周围每一个人都对你满意而处处谨小慎微，还是要有点“我行我素”的气魄，否则，让所有人都满意，而唯独自己不满意，对你而言又有什么好处呢？

4．看到自己的优点

现实中，我们每个人多多少少都有一些完美主义倾向，尽管如此，你并不需要太过担心。应该看到自己所具备的优点，比如勤于思考、富有行动力、意志坚定等，这些优点只要发挥得当，你就是一个训练有素的人。

生活在这个世界上，很多人都在努力追求完美：事业的顺利、婚姻的幸福、自我的发展……然而，人生并非所有的事都能够尽善尽美：有时候，重要的并不是事情本身到底够不够好，而是我们是否懂得适时满足的艺术。人非圣贤，孰能无过。事实上，我们每个人都是“被上帝咬了一口的苹果”，世界上根本没有完美的人和事，给自己多一分宽容，不做“全优生”，我们才能变得更加幸福。

竞争优势效应：单打独斗的英雄已经不合时宜

在双方存在共同利益的时候，人们也往往先选择竞争，而不是选择对双方都有利的“合作”。这种现象，被心理学家称为“竞争优势效应”。

心理学上有这样一个经典的实验：让参与实验的学生两两组合，但是不能商量，各自在纸上写下自己想得到的钱数。如果两个人写的钱数之和刚好等于100或者小于100，那么，两个人就可以得到自己写在纸上的钱数；如果两个人写的钱数之和大于100，比如说是110，那么，他们俩就要分别付给心理学家55元。可结果呢？几乎没有哪一组学生写下的钱数之和小于100，当然他们就都得付钱。

与这个实验一样，生活中我们也总爱进行类似得不偿失的买卖，在夫妻、朋友、同事甚至亲人之间。“我得不到，也不想让你得到”“你不让步，我也绝不会退缩”，双方明明都知道只要自己让一步就可以和睦相处，可是，大家却都宁愿拼得两败俱伤。

社会心理学家认为，人们与生俱来有一种竞争的天性，每个人都希望自己比别人强，每个人都不能容忍自己的对手比自己强，因此，人们在面对利益冲突的时候，往往会选择竞争，拼个两败俱伤也在所不惜；就是在双方有共同利益的时候，人们也往往会优先选择竞争，而不是选择对双方都有利的“合作”。有的时候，其实双方是存在双赢可能的，拼起来对谁都没好处。可是，我们常常忽略这一点，总是毫不犹豫拿起武器，武器一旦在手，剑拔弩张那是自然而然的事了。

除此之外，心理学家还认为，沟通的缺乏也是人们选择竞争的一个重要原因。如果双方曾经就利益分配问题进行商量，达成共识，合作的可能性就会大大增加。如果在上面的实验中允许参加实验的两个人互相商量，或者两个人对对方的选择有充分的把握，结果必然会是另外一个样子。

要消除“竞争优势效应”的负面作用，就要推崇“双赢”理论。著名心理学家荣格有一个公式“我+我们=完整的我”，说的就是集体的力量。每个人要想实现自身价值，就必须与周围的人友好相处，实现优势互补，在竞争中共同发展。

“竞争优势效应”的积极作用是不可估量的，因为合作不仅仅能实现预期的共同利益，更会为双方的发展营造无限的空间。所以，不管个人还是组织，不管是人际交往还是经营企业，都要尽量发挥它的积极作用而避免它的消极影响，这样我们的道路才能走得更宽阔、更长远。

尺有所短，寸有所长。在一个大集体里，干好一项工作，占主导地位的往往不是一个人的能力，关键是各成员间的团结协作。团结大家就是提升自己，因为别人会心甘情愿地教会你很多有用的东西。毕业生刚从校园里出来，不可能独自承担一个项目，特别是在程序化、标准化极强的行业里，每个人只能完成一部分的工作，团队合作在很大程度上关系着企业发展的命脉。无法想象，一个只会自己工作，平时独来独往的人能给企业带来什么。

诺贝尔经济学奖获得者莱因哈特·赛尔顿教授有一个著名的“博弈”理论。假设有一场比赛，参与者可以选择与对手是合作还是竞争。如果采取合作策略，可以像鸽子一样瓜分战利品，那么对手之间浪费时间和精力的争斗不存在了；如果采取竞争策略，像老鹰一样互相争斗，那么胜利者往往只有一个，而且即使是获得胜利，也要被啄掉不少羽毛。现代社会中的现代企业文化，追求的是团队合作精神，不论对个人还是对公司，单纯的竞争只能导致关系恶化，使成长停滞，只有互相合作，才能真正做到双赢。

你碰到职场的“天花板”了吗

李志强今年34岁，是某外企驻上海分公司的销售经理，这是一个让无数人为之羡慕的职务，年薪丰厚，工作时间宽松，隔三差五还能公费出去谈谈业务，看看不一样的风景。但对于李志强来说，目前的职位对自己而言却是一种痛苦，不为别的，就是因为自己遇到了职场“天花板”。即使工作表现再出色，销售业绩再创新高，李志强职位的制高点也永远只是一个销售经理。虽然公司里比销售经理大的职位并不是没有，但是永远轮不到李志强的头上。因为公司有个惯例，那个位置永远属于公司总部直接“空降”过来的人。李志强现在的顶头上司就是由总部派来的，这种职场尴尬，李志强已经不是第一次经历了。

当初李志强大学毕业时进的公司也是这种情况，在那家公司李志强干了5年，从底层干到部门经理便止住了。李志强毅然放弃了那个职位，重新“充电”去读MBA。MBA毕业后，来到现在这家外企，结果没过几年自己又是重蹈覆辙，头顶再一次触碰到了那层无形的“天花板”，这让李志强郁闷不已。

现代人在职场中，即便再有能力，达到一定级别之后，晋升的空间也有可能变得越来越小，从而在每个不同的阶段都会遇上自身发展的困局，即遇到了职场天花板，在工作发展过程中无法到达欲望的更高阶层。

天花板上面的东西——更高的职位和薪水，看起来那么清晰，而且似乎触手可及，跳起来也有可能碰得到，甚至那层无形的壁垒看起来似乎也没有那么牢固，可事实上却很难捅破。其实这种现象在职场中很普遍。

在职场中，有太多的人一路狂奔，努力向上，但抬头向上，却总是被“天花板”碰一鼻子灰。于是，源于天花板的疼痛就产生了……坦诚地说，升职、加薪固然是职场上不能不追求的东西，但天花板所挡住的更本质的，其实是个人自身能力的提升、眼界的开拓。建议职场人士，与其去想“天花板”是不是在职位上限制了你，不如想一想在工作内容上是否还有纵深发展的空间。

会遭遇职场天花板的那类人群，多是一些工作经验很丰富，工作能力也得到了相当程度的认可，职位和薪酬上也得到了一定回报的人。固守现状并非绝对不能接受，但如果有较严格的自我要求，或者有较远大的职业理想，想要更进一步，获得更大的事业发展却也具有相当的难度。

因此，最容易遭遇职场天花板的人群当属35岁到40岁，在公司担任总经理、总监这类职位的人群。这个年龄段的人，生活基本都安定下来了，如果再重新找一个机会的话，机会成本特别大，所以他们对于选择往往会感到犹豫。

这对于职场人士来说，是一种很可怕的现象。很有可能在天花板下，进入职场“安乐死”状态，职场生活不进则退，不努力创造条件升职或发展自己，一味满足于当前的生活，混日子、混时间。有一天，上级领导就会发现，你除了工龄较长外，找不到更突出的优点，新人们花点时间与精力就可以取代你，还任劳任怨不挑剔薪水，所以，为什么不淘汰你？

当面对“职场天花板”的时候，你该怎么办呢？此时就需要弄清两个问题：首先，你的职业规划够清晰、够有战略高度吗？今天你管一个项目，理想是明天管10个项目，那么你设立的只是一个量变的职业规划。如果有人今天管理10个项目，可他设定的目标是明天管理3~5个资深人士，其中一个就是你，那么他很快就能为你镶上一块透明天花板，任你管理10个项目也还是只能在下面游泳。再者，你的职业定位是主动成因，还是被动成因？很多职场新人在初涉职场时，都沉迷于对“工作轻松、高薪高福利”的追求中，直到周围同龄的同学、朋友陆续升职，才开始迫于压力制定职业目标，这种成因多半是不积极的。

职场并不是养育花朵的温室，有再优越的条件，再多人的羡慕，你也要意识到这里是职场，在这里总有人想往上爬，总有人会因利益而奋进。职场天花板是自己安放上去的，身处职场，不进则退。学习决定你的高度，你的高度决定天花板的高度，工作中没有一成不变的定律，你要学会改变自己来适应职场的变化，也要学会不停地充实自己，改变你的职场状况。因此，如果你想要打破那层天花板，你就必须作出适当的改变。

1. 明确学习目的

兴趣和能力需求能够恰好吻合的概率并不是太高，所以千万不要有侥幸心理。学习对职场人士而言也是职业成本，在学习中，应该树立一个原则：不要企图不劳而获，没有回报的学习是无意义的。这也就是说，千万不能跟着兴趣去学习，事先有意识、有目的地去学是利，而跟随兴趣去学是弊。这就要求自己具备结果心态，也就是要时刻明确“学会了这个东西，我们可以做什么，能够给生活带来怎样的变化”，而不是不问后果，盲目跟着兴趣走。

2. 在工作中学习

不论你目前处在什么职位，记得千万不要让自己成为这个职位上的熟练工，这是个变化的年代，形势在变，公司在变。很多职场人士感觉自己已经取得了部分的成功，但发展是无止境的，唯有不断锤炼自己，再加上对自己职业生涯的精细规划，方能积聚能量，向职场最高峰迈进。最重要的是要适应变化，并且研究工作的可改进之处。跟客户首次打交道须察言观色、随机应变，工作没成效赶紧总结教训、变换方法，要学会变换思路。

3. 不做“杂工”，找准职场方向

有人经常在公司里做一些只有“杂工”才做的事，这类人也是经常触碰天花板的人，总是在某家公司做一些“打杂”的活儿，久而久之，不只在一家公司里面打杂，而是不停地转行，更换多种职业，最后却发现自己无论在其中哪一行都不具备优势，无竞争力，只能“打杂”。其实，这类职场人士在每次转行时都可以找出很多“现实所迫”的因素，或者是为家庭“牺牲”，或者是因地域问题，或者是计划跟不上变化……如果敢面对现实，这些因素很有可能都是借口，大部分是一种“在职厌职”的情绪作祟，看不到行业的前景，工作也没有深入，所以才瞄准陌生的行业，在从事新行业之后，又开始重蹈在先前行业上的覆辙。

告别完美主义

糖糖刚上大一的时候曾有一段时间迷上了轮滑，就报名参加了学校里的轮滑社团。一点轮滑基础都没有的糖糖打算努力学习，她先在网上搜索和浏览关于“如何挑选合适的轮滑装备”的帖子，看了很多帖子，觉得自己掌握了挑选技能之后，她开始网上购物，下课之后就在网上浏览各种轮滑装备的商品信息，挑了好几个晚上，终于买好了轮滑鞋、头盔、护膝等运动装备。

接着她还看了网上轮滑教学的视频，在寝室里糖糖跟着视频练习轮滑的基本姿势。等到她将所有的信息都了解了，各方面都准备充分了，认为自己可以正式开始轮滑时，秋天已经过去了，洁白的雪花覆盖了整座城市，光滑的路面已经不适合再玩轮滑了。而糖糖做了一个秋天的漫长准备，却一次都没有穿上轮滑鞋在外面练习，买的那些装备也一次都没有用就同她学轮滑的热情一并被收进了衣柜里。当然，糖糖最后还是没学会轮滑。

“总是要做到更好，总是要做得更多！”这似乎成为我们毋庸置疑的生活箴言，我们今天的生活，没有哪个方面能够不朝理想中的完美发展，因为好运总是降临在“零错误”者身上。我们需要一个如花朵般绚烂的人生、和谐的伴侣、幸福的家庭、称心的工作……但是，这种完美主义的代价是沉重的：一个并不常发生的小失误往往会被我们当成人生的重大挫折，以至于我们对自我个人价值产生怀疑。而实际上，“我们不必对小错误和失误自责”，心理学家弗雷德里克·方让正致力于对这个问题的研究。在与别人的交往中，我们变得越来越挑剔自己。怎样才能跳出这个陷阱？弗雷德里克指出，否定完美主义并不是否定我们的雄心壮志，否定我们心中的梦想，但是越早地学会面对现实，学会了解这些“艰难灰暗”的日子，这些“不能原谅”的过失，其实仅仅是我们的自我怀疑被无谓放大了而已。要想甩掉完美主义的包袱，我们该怎么做呢？其实很简单。

1．发现生活中的“雷区”

完美主义是很消耗精力的。为了做得更好，我们总是付出更多，我们的生活里，被寄予希望值最高的都是哪些领域呢？不外乎自身、孩子、伴侣、工作、房子、家庭和交际这七个方面。检查每一个方面，记下我们所期待的情形。在哪个方面我们可以最轻松地减压？选择一下最容易尝试的方法，比如早点离开办公室，对自己的另一半少提些要求，日程安排可以稍微灵活些。试着别向“改变一切”这样的诱惑屈服，我们需要把自己的注意力集中在一个最合理的地方。比方说，先试着在房子和孩子这两个方面各减少三成的期许，我们就已经做得很成功了。

2．重估所谓的“缺点”

列出一个清单，总结出“完美”给我们带来的好处，最好连小细节也不要放过。比如说，我们可以想象这样的自我评价：“我从来没有被批评”“我的工作让我很高兴，而薪水也不低”“我很满意自己的表现”，等等。然后，我们再建立另外一个清单，总结一下由此带来的生活中的缺憾：“我没有自己的时间”“我总是在和自己的钱包做斗争”“感觉上，一个无足轻重的简单错误都会让我十分难受”“我从来都没有真正完全放松过”……通过对比这两个清单，你不难看出自己因为追求完美的生活而付出的实际代价。

3．哪怕只要几分钟，想象一下如果不面面俱到，自己会是什么样子

找一个生活中自己付出努力最多的方面，工作、家庭生活抑或其他，然后试着松懈一下这方面的努力，你会有什么样的感觉：时间多了？压力小了？和其他人的关系变得融洽些了？我们会发现是什么让自己把心墙越筑越高：“我不想别人超过我。”“我不能做的，别人也不能去做。”——正是由于我们自己算计得太过清楚，自我加压才会越来越多……我们逐个发现这

些问题，合理地加以解释，我们会发现，一直以来我们认为重要的事情，其实并不是我们生活的全部。

4. 体会不同的感觉

完美主义总是让我们很极端地忽视差别，这也就是为什么我们说完美主义有害无益。透过完美主义的棱镜，其实只有两种可能性：失败或者成功。如果我们想在这黑白两色中间加入别的色彩，可以尝试着改变一下自己的字典：尽量少用“总是”“从不”这样绝对的词，或者比较极端的评价，好像“太牛了”“没救了”之类的。差异，同样代表着重估自己的个人价值。我们成功组织了一场演出，尽管演出最终呈现的效果和我们的预期有小小差距，可是我们在其中看到了自己的能力，也体会到了快乐，难道这还不够吗？这对总是纠缠在是非对错之间的人来说无疑是一个出口，只有这样，我们才能使自己的内心力量更加强大，才能真正从一些错误中汲取教训。

5. 重寻快乐之旅

为了品尝到快乐，我们要慢慢地学会放弃一些事情，而不是事事都全局掌控。接受不完美，这是制造快乐的法则，虽然可能不会得到最完美的结果。试着“做得更好”而不是永远追求最出色的，试着在日常生活中时不时地停下来欣赏一下路边风景，享受片刻欢愉时光。

6. 接受你自己

接受自己的不足、弱点和错误，是一种人生的经验，也是一种成长的过程。过高的要求不仅仅会成为自我的枷锁，对别人来说无疑是一座监牢。完美主义者不断地自我监督，自我反省，最终只会使自己置身于不断的害怕和失望中。然而，保持不完美，会使我们的周遭事物更容易处理，更充满温情。有时候，我们是可以犯错和小小的脆弱一下的，其实所有的人都一样，我们都不可能完美。

完美主义者，总是集自悲、敏感、自恋、自虐、虐他等性格弱点于一身。自己活得累，也让别人累。把“完美”当做一种理想，别当成现实生活中的对己对人的标准。人无完人，让自己活得轻松、自信、豁达一些，生活的氛围也会随之改变。

适时修正你的目标

当你结束了一天的工作，钻进拥挤的地铁，看着夜幕里的星星沉默发呆时，你可曾想过什么是成功？自己现在算是成功吗？或者自己努力了这么久，为什么还是摸不到成功的边缘？其实在成功者的眼里，成功就是事先给自己树立一个目标，然后坚持去做。之所以有人不成功，并不是因为他们做不到，而是不愿意去做那些枯燥乏味的事情。美国演说家博恩·崔西曾说："成功就等于目标，其他都是对它的解释。"

哈佛大学有一个关于目标对人生影响的跟踪调查，对象是一群智力、学历、环境等各方面都差不多的人。调查结果发现，27%的人没有目标，60%的人有较模糊的目标，10%的人有清晰而短期的目标，只有3%的人有清晰而长期的目标。25年的跟踪结果显示，那3%的人25年来都不曾更改过目标，他们朝着目标不懈努力，25年后他们几乎都成为了社会各界的顶尖人士。10%的人，生活在社会的中上层，短期的目标不断地被达成，生活状态稳步上升。60%的人，几乎都生活在社会的中下层，他们能够安稳地生活与工作，但似乎都没什么特别的成就。27%的人，几乎都生活在社会的最底层，25年来生活过得不如意，常常失业，靠社会救济，并常常报怨他人、报怨社会。

调查表明，目标对人生有着巨大的导向性作用。成功在一开始，仅仅就是一个选择。你选择什么样的目标，就会有什么样的成就，有什么样的人生。今天的生活状态，不由我们今天决定，它是我们过去生活目标的结果。明天的生活状态，也不由未来决定，它将是我们今天生活目标的结果。目标是行动的导航灯。

人生目标的确定往往是基于特定的社会环境和条件。这样的环境和条件总在变化，对确定的目标也应该做出修改和更新，况且这样的目标虽然写出来了，但是并未篆刻在石头上，它的存在只是为你的前进提供一个架构，指示一个方向。

而在这个日新月异的世界上，现实对于我们而言总是千变万化的，如果一个目标在将来所依据的现实条件发生意想不到的变化，这时该怎么办呢？其实你并不用如何担心，因为无论现实如何改变，唯一不变的，就是变化。在实现目标的过程当中，当我们遇到种种没有预测到的变化时，我们必须立即做出反应，调整自己以适应变化。

从前有两个人被派遣到同一个地方，他们有着一个共同的任务，那就是为当地打口水井。

甲用了最好的钻机，最锋利的钻头，找了个地方就开始钻井。一个小时过去了，没见有水出来，收起钻机，换了个地方重新打，打了两个小时也没见出水。甲很恼火，埋怨地不好，没有水，收拾工具换个地方重新来过……两天过去了，甲打了几十个钻洞，深的深，浅的浅，但没有一个出水的。

而乙没有上来就用最好的工具，而是勘察分配给他的那片地方哪里最适合打井。大概划分了几个区域后，他选择了一个认为出水概率最大的地方，搭起了钻井工作架开始作业。一个小时过去，乙没有发现此地有出水的迹象。他开始分析失败的原因，原来是钻头不对，这里地层岩石较多，需要更换另一种钻头，而且由于前一个钻头与岩石的打磨，使钻机的角度也产生了偏离。乙更换了专门应对岩层的钻头，调整了钻探角度，继续作业，又过了半个小时，仍未发现涌出水来。乙再次停下工作，找出工作的数据查找原因，经过分析原来是自己最初选择位置时计算有偏差，忽视了几个数据。他耐心地重新计算评估，更换新的打井位置。40分钟后，水源源不断地从底下涌出，乙成功地打出了水井。

现实中，如果我们的目标准确而有意义，那么最影响我们实现目标的除了目标本身的有效性，就是方法了。工欲善其事，必先利其器。方法是我们实现目标的利器之一，将详细周密的计划与良好正确的方法相结合，并在操作过程中根据实际情况不断地完善，才能让我们更快地实现目标。这个方法包括了太多元素，有工具、有手段、有意志，等等，从精神层面到物质层面。我们要坚定的一点是，只要目标不错，发现方法上的问题及时地加以调整，我们就一定会朝着正确的方向健康地跃进。

修正目标的基本法则：

1. 修正计划，而不是更改目标

如果更改目标成为习惯，那么这个习惯很可能让我们一事无成。目标一旦确立，绝不可以轻易更改，尤其是终端目标。英国人有句谚语："目标刻在水泥上，计划写在沙滩上。"因此，可以不断修正的是达成目标的计划，即过程目标。

2. 修正目标的达成时间

一天不行，可以改成两天，一年不行，可以改成两年。坚持到底永不放弃，终将成功。

3. 修正目标的量

三思而后行，不要轻易地压缩梦想，以适应残酷的现实。应有的思维模式是，不惜一切努力，找寻新的方法改变现实，达成目标。

4. 不要放弃目标

虽然屡战屡败，但仍然可以屡败屡战，对于成功者而言，这个世界上根本没有失败，只有暂时还没达到的成功。只要不服输，失败就绝不会成定局。

成功的人往往不会轻易改变目标，但是会改变达成目标的方法，反之，失败的人常常会改变目标而不去寻找失败的原因。改变目标与改变方法从表面上看似乎无太大区别，但如果缺少对问题的分析与解决，一味地改变初衷，只会让我们离成功越来越远。

第六章

你专注于听和说，为什么没有实现有效沟通

“凹地效应”：如何增添你的职场魅力

你是否注意到，在你逗留过的那些办公室里，要推选出一个好人缘的人，是很容易的事情。他们如同凹地，聚气积势，让人不由自主地向其靠拢。

凹地，顾名思义，就是低洼处，听上去和传统励志角度上，我们被教导要努力攀登的高地有些不一样。但其实殊途同归，凹地的特性是聚势，也就是说当某事物因为具有某些特征或优点，就会对其他事物产生一种吸引力，导致其自发地聚集过来。

在职场，仔细想的话，总是有人深谙这凹地效应，拥有无敌人气。不难发现，在每间办公室里，有些人总会特别有人缘，大家愿意坐在他边上，分组时愿意和他一组，出去玩时也愿意和他一队。无论工作中还是下班后，他们都吸纳着大家的注意力。

这些人不见得有最出众的工作能力，也不见得个个光彩照人，但他们无疑有自己独特的魅力。他们是职场上的宠儿，有着耀眼的光环。

想成为职场人气王，拥有耀眼的凹地光环，单靠某一方面出色显然很难做到，你得做出全面的考量，既包括个人方面的努力，又要考虑外界环境的调适建设。想要提升自己的职场魅力，你可以尝试下面的途径。

1．打造你的职业形象品牌

是深蓝IT人？还是多彩公关人？外形与职业之间有着相辅相承的关系。比尔·盖茨在行业论坛上总是穿着牛仔裤和T恤衫，雅芳前CEO钟彬娴则在任何时候都保持着“比生活妆更耀眼”的妆容。

想成为职场中的眼缘达人，在形象上不仅仅是要做到通常标准上的大方得体，更要和你的职业有机结合起来，而且，在找到自己的风格后就要好好保持，把形象打造成你个人品牌的一部分。这样你就不仅是在第一眼被人注意，且会在以后的无数瞬间都被人记住。

2．建立自己的职场坐标

好士兵都想当元帅，但在还需要服从连长指示的时候，你最好先尽到一个士兵的本分。职场上那些明明只是初级人员却喜欢高谈阔论整个公司业务策略的年轻人，是不是也让你嗤之以鼻？

无论是为了凝聚平级同事的人气，还是吸引上司成为你的职场贵人，表达出“无论我想成为谁，但我知道自己现在是谁”的态度，才是最为理智的方式。只有你确定了自己的坐标，别人才能放心地确定和你交往的路线。

3．提升沟通力

你是否遇到过打45分钟电话他仍不明白你想要什么的合作伙伴？你是否遇到过沟通了一个小时也听不明白对方要说什么的合作伙伴？我们90%的工作，目的就是让别人懂得我们要做什么。在郁闷于这些人的表达和理解能力如此低下的同时，你也应该好好审视一下，你是否是具备高超沟通能力的人。当别人发现和你说话最省力、最能够被理解、最能够取得满意成果的时候，你就自然而然跃升凹地榜样之位。优秀的沟通者永远能够吸引别人的注意力。

4．做好时间计划

时间花在哪里是看得见的？朝九晚五在办公室里，大家会约定俗成地只谈工作，这种机械的话题自然不会引起多热烈的共鸣，这时建立起的同事交情也就是泛泛而已。但假如能够在下班后去喝杯饮料、吃顿饭、唱唱歌，话题从工作切换到生活，效果就会大不相同。想扩大自己身上的凹地光环，这些额外支出的时间，就要纳入你的计划表。

5. 细水长流，不能太功利

人际交往能力是综合性的概念，它能细小到在面试时你描述一件事情的语气，也能扩大到你在团队里的合作性……培养交往能力是细水长流的事业，也关乎一个人整体的素养。罗马非一日建成，要想拥有好人气，也非几次作秀就能达成。

此外，不同的公司背景，也会决定职员提升人气效应的方式，要注意累积这方面的技巧。比如在美国公司，多发问，提好的问题，会让大家觉得你是一个既有实力又愿意和人分享的人。而在日本公司，太直接的发问会被视为挑战，那多多聆听会让你更有人气。当然，还有一些通用的小技巧：交流时面带微笑，真心地帮助和关心同事，等等。

另外，你可以调查一下同事的兴趣爱好。有些情况下，“投其所好”并非绝对的贬义词，周末在网球场与你邂逅的老板，多多少少对你会有点志趣相投的亲切感。而在喜欢研究星座的同事面前说“我最不信那些胡扯的星座预测了”，那只能让他在心里对你大翻白眼。通过合理的渠道，了解同事们的大致背景与喜好，对凝聚人气大有帮助。让人们站在你这一边，如果很难做到，起码应该尽量减少对立面。你要知道，虽然一个人想要有好人缘，固然是尽量不要得罪人，不过，也并不意味着就要做个没有主见的好好先生。如果事情是对的，就不要怕得罪人，奢望每个人都喜欢自己，会让自己身心俱疲。

牢骚效应：给别人开口的机会

牢骚效应来自管理心理学史上一个著名的实验——“霍桑实验”。20世纪20年代，哈佛大学心理学教授梅奥在美国芝加哥西部电器公司所属的霍桑工厂进行了一系列的心理学研究，研究表明生产区域的照明设备，生活区域的娱乐设置，员工的保险、养老等方面条件的优越程度和生产效率的提高之间并无直接的因果关系。相反，工人的心态、人际关系、情绪和对集体的参与感、认同感才是决定生产效率的最关键因素。这样就引出了牢骚效应，即“凡是公司中有对工作发牢骚的人，那家公司一定比没有这种人或有这种人而把牢骚埋在肚子里的公司要经营得成功得多。”

牢骚效应告诉我们：人有各种各样的愿望，但真正能达成的却为数不多。对那些未能实现的意愿和未能满足的情绪，千万不要压制，而是要让它们发泄出来，这对人身心的健康发展和工作效率的提高都非常有利。

企业需要员工之间产生彼此的认同、合作与信任。一起工作的人，可以不在同一间办公室中，但必须同心协力，才会形成有效运转的机构。而人与人之间的隔阂、猜忌、怀疑与冲突，不仅会阻碍个人能力的充分发挥，更损害了团体绩效的产生。要避免这些，就要建立一个有效的沟通渠道，激励员工的工作热情，了解他们的需要与情感，并加以有效的疏导和牵引。这样才可能真正达到企业利润的最大化。

对管理者而言，这是一个重大的挑战。一般而言，管理者或领导都是不愿意听到员工发牢骚的声音，最希望看到的局面就是员工们都能够埋头苦干而没有牢骚。殊不知，不可能有让员工百分百满意的公司，员工没有发牢骚只是因为他不敢或者不愿意，并不代表员工的内心没有负面的情绪，这种情绪一直压抑在心里，势必会影响员工的工作积极性和工作效率。让员工有适当的合理的发泄牢骚的通道，既可以化解他们的负面情绪，也可以将牢骚言语转化成对公司有益的建设性意见，同时更可以防止员工在背后搞小团体、牢骚满天飞的情况出现。如果管理者真的能够靠某种办法让员工没有牢骚，那其实是非常可怕和可悲的事情，因为员工已经对公司没有任何热情和感觉，只把上班作为赚取工资的例行公事。在这种情况下，何来使命感、归属感？何来企业的效率和竞争力？这样的公司恐怕离失败也已经不远了。

在企业管理中，员工的牢骚让每一个管理者都头痛过。既然牢骚在所难免，管理者的难题也发生了变化，从怎样不让员工发牢骚，变成怎样帮助员工发牢骚，以下几点应该注意。

1．谈心交流

这个说起来容易做起来难，就是要团队主管放下架子，真诚谈话，让下属把不满说出来，要懂得“抛砖引玉”，取得下属信任。

2．特殊牢骚

有些牢骚具有私密性，不能让他人知道，不说又很难受，那就得找特殊法子让下属进行自我发泄，如定期让他们把牢骚写在纸上再自行撕掉等。

3．适当休息

给下属适当的休息时间，让他们自由发牢骚，同事之间说说心里话，有助于缓解工作上带来的不满，充满精力地工作比疲劳应对效率会高出很多。

4．反馈解决

在得出解决办法之后，要第一时间通知发牢骚的员工。这样会让员工知道自己的意见得到了上司的重视与理解，不但能平息他们的不满情绪，还能增加他们的忠诚度。

对员工而言，如何正确地处理自己的牢骚，也是一个挑战。牢骚效应不是鼓励员工对公司或者领导乱发牢骚，而是要产生建设性的“牢骚”。作为公司员工，应该时刻谨记不要随便在背后乱发牢骚，牢骚满腹的人通常不会在职业道路上有太大的发展和前途。

因此，员工应该发正面的，而不是负面的牢骚，所谓正面的牢骚就是建设性的建议。如果对公司的各项管理制度或决策有不同的意见，可以通过正常的途径，将其转化为意见和建议向领导传达，如果是对公司是有益的，相信公司也一定会考虑或采纳的。只有拥有正面、健康的情绪，才能拥有正面、健康的职业发展之路。

任何一家公司的管理都有可改进的空间，没有十全十美的管理制度，一切都是随着市场的发展而在不断改进。作为员工，如果能够善于发现公司的欠缺之处，能够勤于思考，为公司提出改进意见，日积月累，一定会被领导发现并重用的。另外补充提醒一下，在想要发牢骚的时候需要注意以下几点。

1．发牢骚要经过大脑

发牢骚要经过大脑，如果发牢骚太随便，大家会觉得你沉不住气，而且以你这样的性格，不只是让人讨厌，更多的是被人厌弃，因为你的性格有可能有意或者无意对大家造成威胁。

2．发牢骚也要心情好

很多时候我们都是把负面情绪带在脸上，看着谁都不顺眼。从现在开始，做一个成熟的人，再郁闷也不要表现在脸上，就算是对领导、对同事发牢骚，也要在你心情好的时候，这个时候说话反应快，不至于很被动。

3．针对一件事不要反复发牢骚

对一件事情不满是很正常的，发过牢骚之后就不要再提了，过去的事就让它过去，如果是针对一件事情反复地发牢骚，很快就会变成办公室的“祥林嫂”了。

4．发牢骚要选择委婉的方式

说话“直接”是职场中最忌讳的，先不提说话不经过大脑容易被人利用，就是小小地发发牢骚也会成为别人的把柄，委婉的方式大家都能够接受，当然也会听进去，这样你发牢骚就不会一点作用没有了。

5．家庭牢骚要保留

家庭中也难免会有这样、那样的事情，对于家庭中的牢骚，最好在家里解决，不要带到办公室里面去，你要知道，同事对你家庭的事情除了好奇，剩下的可就是利用了，家庭事情都处理不好，工作的事情可想而知了。

多数情况下，员工抱怨公司的理由，和抱怨天气一样，并不是因为他们想要改变什么，而是因为这些小小的“消极性仪式”，为员工的牢骚提供了出口，能够让员工确认共同的经验而凝聚在一起。

将无伤大雅的抱怨，变成愉快的例行公事的一部分，让员工彼此间不再心存芥蒂，这类抱怨可以增强社交关系，并营造一种共同体的感觉。这种形式使员工平时积郁的不满情绪都能得到宣泄，从而大大缓解了他们的工作压力，提高了工作效率。

由此可见，对待牢骚，宜疏不宜堵。堵则气滞，牢骚升级；疏则气顺，心平气和。情绪高涨，员工的工作积极性和主动性自然提高，精神面貌为之焕然一新。有牢骚未必是坏事，关键是如何对待牢骚、转化牢骚，化牢骚为工作动力。

投射效应：推己及人，但勿“一厢情愿”

朋友过生日的时候，你挑了一件自认为最适合朋友的礼物，但生日过后却从未见过朋友使用该礼物；当领导让你按照计划表做一件事情的时候，也许为了突显自己的能力，你用另外的办法做这件事情，却遭到老板的责备；为了让父母高兴，你给他们买名贵的衣服、高档的补品，但父母仍然闷闷不乐；为了托朋友办事情，你曾尝试着送烟、送酒，甚至人民币，但朋友依然向你摇头；为了提高孩子的学习成绩，你给他买各种与学习相关的电子产品以及复习资料，但孩子的成绩依然不见提高……

生活中的这类事情，相信很多人都经历过，但不知经历过这类事情和正在经历这类事情的你，是否想过其中的原因？告诉你，这便是心理学中投射效应的影响力。

什么是投射效应？所谓投射效应，是指以己度人，认为自己具有某种特性，他人也一定会有与自己相同或者相似的特性，从而经常把自己的感情、意志、特性投射到他人身上，并认为对方也应该有同样的感受和认知。简单来说，这就是强加于人的一种认知障碍。

从影响力的角度而言，心理学家指出，投射现象在任何人的心里都存在，它是阻碍人们有效地影响他人接受自己的观点、意见、想法以及为自己办事情的最大障碍。所以，对于那些试图影响别人为自己做事情的人而言，要时刻提防自我心中的投射现象，不要轻易相信自己的喜好也会被他人接受，更不能以己之心度人，否则不仅达不到影响他人的目的，还会因为自己的意愿或者喜好被别人忽略、轻视，而产生挫败感。

投射效应也叫自我投射效应。自我投射指内在心理的外在化，即以己度人，把自己的情感、意志特征投射到他人身上，强加于人，以为他人也应如此，结果往往对他人的情感、意向作出错误评价，歪曲他人的愿望，造成人际交往障碍。

典型的投射效应就是人们常说的“以小人之心，度君子之腹”，认为别人和自己一样有着相同的好恶、相似的观点。这种情况在人际交往中表现形式是多种多样的。例如有的人对别人有成见，总以为别人对他怀有敌意，甚至觉得对方的一举一动都带有挑衅色彩；自己感兴趣的东西，也以为别人同样感兴趣，便高谈阔论地讲个没完；自己喜欢议论别人，就总认为别人也在背后议论他；还有的男生或女生暗恋某个异性时，总认为对方也喜欢自己，在观察对方时，总觉得对方对自己有意，对方一个眼神，一个动作，一个友好的表示，甚至一句玩笑话，都会被其误认为是爱的信号。投射效应是一种自我防御的反应，有时会有利于人们相互理解，有利于进行自我心理调节。但在人际交往中，由于这种主观猜测，常常会造成误会和矛盾。

由于投射效应的存在，我们常常可以从一个人对别人的看法中推测这个人的真正意图或心理特征。由于人有一定的共同性，有相同的欲望和要求，所以，在很多情况下，我们对别人做出的推测都有部分是正确的，但是，“人心不同，各如其面”，人与人之间毕竟有差异，不考虑个体差异，胡乱地投射一番，就会出现错误。有时，投射效应是出于一个人自我防御的心理需要而发生的。自己有某些缺陷或不良品质，于是不自觉地会怀着一颗敏感的心，在别人身上搜寻有关的蛛丝马迹，期望在别人身上发现同样的缺陷，进而对自己的缺陷感到心安理得，“人都是这样，我也不必过多自责和不安。”

克服这种心理倾向的关键是认清别人与自己的差异，不能总是以己之心度人之腹。另外，需要客观地认识自己，既要接受自己，又应不断完善自己。

产生投射效应的原因在于人的主观意识作祟，所以我们必须时刻保持理性，克服潜意识和惯性思维的不良影响，让事物的发展规律还原它的本来面目，学会辩证地分析和解决问题，学会客观和冷静地看待我们周围的这个世界。

“聪明人与朋友同行，步调总是齐一的。”的确，在复杂的人际关系中，与人接触一定要掌握相同的步调，一定要懂得正确的投射，这样才能得到他人的支持，才能实现自己的目标。

在你试图做一件事情的时候，一定要事先准备充分，考虑周到，想得全面，这样才能更好地了解对方的所想、所盼，以及他的心理喜好，才能有针对性地投射。只有投射得具体、正确，才能影响对方，取得你所预期的效果。

南风法则：温暖是谁都不能拒绝的力量

南风法则源于法国作家拉·封丹写过的一则寓言：在风的家族中，北风和南风一直较劲儿，它们都觉得自己比对方厉害得多。有一天，北风和南风比威力，看谁能使行人把身上的大衣脱掉。北风先刮来一股凛冽的寒风，想通过更大的风把人的衣服吹掉，结果行人为了抵御北风的侵袭，把大衣裹得比以前更紧了。稍后，南风徐徐吹动，顿时风和日丽，行人似乎感觉到了春意，开始解开纽扣，继而脱掉大衣，最终南风获得了胜利。

北风和南风都想使行人脱掉大衣，但方法不一样，结果也大相径庭。

南风法则也被称做温暖法则，它在人力资源管理中给我们最大的启示就是，“感人心者，莫先乎情”。企业在对待员工时，要多点“人情味”，实行温情管理。所谓温情管理，是指企业领导要尊重、关心和信任员工，以员工为本，多点“人情味”，少点官架子，尽力解决员工工作、生活中的实际困难，使员工真正感觉到领导者给予的温暖，从而激发他们工作的积极性。

温情管理对企业人力资源管理具有重大意义。首先，温情管理能够满足员工得到爱和尊重的需要。马斯洛的需要层次理论告诉我们，人类高层次的需求中包含爱和尊重，人人都希望得到他人的关怀与理解。温情管理正好能够满足员工的情感需要，培养员工对企业的深厚感情。

其次，温情管理能够激发员工的工作热情和聪明才智。“人非草木，孰能无情”，如果企业实行温情管理，处处关心员工，事事尊重员工，员工就会在工作中倍感舒适和温馨，就会“投之以桃，报之以李”，以饱满的工作热情、充沛的工作精力投入工作中，充分发挥自己的聪明才智，为企业做出更大的贡献。

最后，温情管理能够增加员工对公司的忠诚度。管理学家威廉·大内说：“温情管理让每个人的真正能力和工作表现得以充分显示，而且亲密无间的关系还带来了在了解彼此的‘需求和计划’的过程中所需要的高度微妙性。这种支持和自我克制的混合体促进了相互信任，因此相互和谐的目标和彻底的胸襟坦率，排除了对欺骗的恐惧和欲望”。因此，温情管理为员工营造了一种和谐的工作氛围，让员工感到了家的温馨，增进了企业内部的相互信任，增强了员工对公司的忠诚感。

企业实行温情管理，就必须尊重、关心和信任员工，让员工感受到企业给予的温暖，享受管理者送来的温情。

1. 尊重下属

从某种意义上来说，人性中最深刻的原则就是希望别人对自己加以赏识。美国心理学之父威廉·詹姆士说过：“人类本质中最殷切的需求是渴望被肯定。”“商界教皇”汤姆·彼得斯和管理学家南希·奥斯汀认为，管理问题从根本上讲是人的问题，只有尊重每一位员工，尊重每一位员工的价值和贡献，才能充分发挥他们的积极性。鲍雷夫法则认为，要想建立合作和信任关系，最重要的就是认识自己和尊重他人。实行温情管理，首先要尊重员工。具体说来，企业的工作安排、制度设计、环境布置以及管理者的语言态度方面要坚持以人为本，不仅要尊重员工的人格尊严，维护员工的面子，而且要尊重员工的合法权利，重视员工的劳动成果。

2. 关心员工

关心员工是实施温情管理、调动其积极性的重要方法。优秀的企业管理者不仅要关心员工的工作，而且要关心员工的生活；不仅要关心员工的现状，而且要关心员工的发展；既要在平时关心、理解员工，更要在关键时刻体贴、帮助员工；甚至既要关心员工本人，还要关心员工家属。当员工过生日、结婚、生小孩、搬新房时，企业领导可以通过各种方式代表单位表示祝贺；员工出差了，领导要考虑是否帮助其安排好家人的生活，必要的时候要派专人负责；员工或其家人生病了，领导要及时探望、批假或适当减轻其工作负荷；员工家庭遭遇不幸，领导要及时予以救济，以解燃眉之急，甚至还要发动大家给予帮助，解除员工的后顾之忧。

3．信任员工

信任是凝聚组织共同价值观与共同愿景的纽带。一个缺乏信任的组织，其成员间必然心存芥蒂，团队的能量就会被磨损，耗费的成本就会更多。所以，组织发展理论创始人沃伦·本尼斯认为：“产生信任是领导者的重要特质，领导者必须正确地传达他们所关心的事物，他们必须被认为是值得信任的人。”同样，高明的领导应当从内心深处信任员工，给下属一个充分发挥的空间，鼓励下属按自己认为对的方式去做。美国通用电气CEO杰克·韦尔奇的经营最高原则是，“管理得少”就是“管理得好”。这是管理的辩证法，也是管理的一种最理想境界。

4．体察基层岗位

管理者要真正做到尊重、信任和关心员工，首先就要了解情况，体察民情。管理者要真正做到体察民情，最关键的是实行“走动式”管理。一个整天待在办公室埋头工作的领导绝不是好领导，而事无巨细、事必躬亲的领导也不是好领导。领导只有从办公室中解放出来，经常深入基层，深入一线，才能了解员工的基本情况，倾听员工的真实心声，增强领导的亲和力，激发员工的积极性，提高企业的凝聚力。

超限效应：只讲有用的话，莫说多余的话

张越毕业后进入一家钢铁厂上班，来到这里快半年了，待遇和环境他都很满意，唯一不太满意的就是他的上司，有好几次张越都萌生了辞职的想法。

张越的顶头上司是技术出身，在厂里做了近20年的技术，非常注重做事方法和细节，最大的特点是喜欢唠叨，特别是对一些做错的工作，最少要挂在嘴边3天以上，对于一些比较重要的的工作，还没开始做他就开始唠叨了，说前面的事做得怎么怎么不好，这次一定注意了，等等，唠叨个没完，烦得员工连做事的心情都没有了。

美国著名幽默作家马克·吐温一次在教堂听牧师演讲。最初，他觉得牧师讲得很好，使人感动，准备捐款。过了10分钟，牧师还没有讲完，他有些不耐烦了，决定只捐一些零钱。又过了10分钟，牧师还没有讲完，于是他决定，1分钱也不捐。到牧师终于结束了冗长的演讲，开始募捐时，马克·吐温由于气愤，不仅未捐钱，还从盘子里偷了2元钱。

其实，不是牧师演讲的内容不好、演讲的水平不高让马克·吐温反感，而是牧师长时间的演讲让早已听明白的马克·吐温因感觉浪费时间而厌烦，最后导致马克·吐温采取“偷钱”的方式，表示抗议。这种由于刺激过多过强或作用时间过久而引起逆反心理的现象，就是“超限效应”。

生活中，我们也经常会有这样的体会：在家里，当你犯了错误后，父母总是一个劲地批评你。开始的时候，你还觉得自己真的不应该犯错，还感到愧疚，可是当父母没完没了地数落你的时候，你就开始厌烦了，到最后甚至故意跟父母对着干，他们越是说东，你越要往西。在单位，领导作报告的时候，开始你听得还挺有兴趣，但是当领导一再地反复强调那几个问题的时候，你的注意力就开始分散了，接着，如果领导还是在重复那几个问题，你就会产生反感，而且对领导的印象分也开始下降，最后可能讨厌这个领导了。

对此，心理学家的解释是，人接受任务、信息、刺激时，存在一个主观的容量，超过这个容量，人就不愿意认真对待了。

还记得《大话西游》里啰嗦的唐僧吗？他曾令悟空一度陷入崩溃，原因就在于这个一心向佛的师傅，无时无刻都在唠唠叨叨着他所谓的各种大道理来教化悟空。与之相仿的是，在职场中恰恰也存在着这么一种领导，他们时常为了一点芝麻大的小事就对下属耳提面命，啰嗦个没完没了，而那些无处可逃的下属就如同电影中的悟空一样恨不得吐血身亡。

其实在生活中，决定一个人的语言魅力的并不是他说了多少，而是他说的是什么。一些人之所以话太多，喜欢讲长话，是想显示自己的“才能”。他们往往把讲长话当作是有水平的表现，其实，话讲得到位才能显示出自己的口才。

语言学家拉克夫曾说过三个说话的原则：1. 说话不要咄咄逼人；2. 让别人也有说话的机会；3. 让人觉得友善。在现实生活中，一个说起话来滔滔不绝、唠叨不停，常常不考虑听者的感受，不考虑自己所说的话是否是别人需要的人常常是很容易被其他人厌烦的。

如果你因为某种不可推脱的原因必须做一场报告，抑或是一场演讲，那么你讲话开始的三分钟就显得尤为重要。你必须在三分钟内进入主题，必须在三分钟内以你的魅力抓住听众，让整个演讲的过程逻辑清晰，层层推进。不仅如此，你还要在演讲过程中注重语调的变化，意境的变化，力求吸引听众。在一个大型的论坛上，你更要控制好自己的时间，重点内容要在30分钟内讲到，主讲内容控制在40~50分钟。时间一长，听众的精神会疲劳，注意力会分散。

而两个人交谈的时候，同样要注意节奏，控制时间，重要的内容要在前面的30分钟内充分和对方交流，切忌铺垫太长。如果你发现对方已经开始看表，或者注意力开始分散，开始东张西望，你的谈话就要准备收场了，收场的时候最好把你的态度或者观点再总结一次，这样效果较好。

指导下属或者帮助同事的时候，也要讲究艺术。就围绕一个问题——可能是他的一个毛病，也可能是你给他的一个建议，要抓住一次机会彻底地给他说透，然后给他时间让他领会和接受。过一段时间对方还没有改变的话，可以再找一个非正式环境提醒他，点到为止，同时做出想耐心倾听他意见的样子，如果他没有反驳，就可以说明他是会接受的，以后你要做的就是在时间上给他些压力，令他尽快改变，在类似的事情即将出现的时候提前给他一个提醒，帮助他克服。切忌就一个问题在短时间内三番五次地跟他讲，反复向他强调，这样，你很容易得到“婆婆妈妈”的标签，还会让他对你产生厌烦和逆反的心理，不利于你们日后的沟通与共事。

沟通是一门学问，所谓言多必失，哪怕是批评，也应该选择适合的方式，切莫过度，只有这样才能够让你避免掉入超时效应的陷阱里。任何沟通，特别是旨在诱发别人态度改变的说服和引导，都必须避免无意义的重复，否则效果可能会适得其反。

没有回应的听，被视为无效

李小飞上班的第一天，作为新人，公司的老总照例先找他谈话。开始，一切都谈得很顺利，后来聊着聊着，聊天的话题便从工作转到了生活，老板谈起了自己去年登山的一段经历，李小飞不慎走了神。最后老总问他听后有什么感想，李小飞只好应付着回答说："您这次旅游太好了，真有情致！"老总闻声狠狠地瞪了他一眼，然后冷冷地说："太好了？我摔断了腿，有什么好的？"

老总的一句话弄得李小飞十分尴尬，他接也不是，不接也不是，恨不得找个地方钻进去。这件事给老总留下的印象很不好，没过多久，李小飞就主动辞职了。

现实中，人们总是认为自己能够很好地听取别人的讲话，其实并不然。研究表明：由于人们说话速度滞后于思维速度4倍，所以人们在听讲时，就常常思想开小差，等到别人说完话，往往只听取了其中的一半。那么，在职场中怎样才能提高自己的听讲能力呢？

首先，听讲时必须专心致志。人们在听音乐时常常用手指轻击桌子或是用脚尖点着地板，但是，在听人讲话时千万不能这样。听者应该全神贯注，并通过同讲者交流眼光、适时点头和做一些手势来鼓励对方讲下去。

其次，听者应该轻松自如。下级与上级交谈时往往神情紧张，光考虑自己在这样的场合该怎样说话，结果人家的话一点也没听进去。其实要学会讲话，最好的方法，就是认真听取别人的讲话，听得多了自然知道在什么场合该说什么话。

然后，通过简短的插话和提问来启发讲者，引出他的话题。如果做不到这一点，那至少也应该不时地有所表示：“哦！”“嗯。”“是这样吗？”讲者最怕自己的话得不到听者的反应。或者你可以偶尔重复一下对方刚刚说过的一两句话，这样做就不会造成冷场，还会让对方觉得你是在认真听他讲话，对他是一种尊重。

最后，听讲时不要急于下结论，说这个对，那个错。这往往导致谈话不能继续下去，于是也就不能全面地了解事情的真相了。

另外，在与人交谈时，还应注意以下几点：

1．与人交谈时，勿打哈欠，即使很劳累很困也要忍一忍。因为打哈欠会使兴致勃勃的讲话者感到被忽视，被泼了冷水，会有不小的沮丧感，同时有可能使场面尴尬。杜绝抓耳挠腮、搔首摆膝，其实不仅仅是与人交谈时，在公众场合下这样做都会被视为粗鲁和没有教养。另外应该尽量选择一个合适的角度并用真诚的眼神看着对方的眼睛，而且要微笑，这样会使对方感觉被注视，被认真对待。

2．对别人讲话，勿持冷漠的态度。要么你就在谈话没开始前表明自己现在很忙或者心情很不适合开始这次谈话，要么你就好好加入这场交谈，含糊敷衍是最让人提不起劲来的。换位思考一下：比如你在兴奋地讲述昨晚熬夜看的一场精彩的英格兰足球超级联赛时，听众要么东张西望，要么看书、看报、摆弄手机，你还能将你的兴奋保持下去吗？

3．不打断对方谈话。每个人在滔滔不绝地讲话时都希望周围的人是自己忠实的听众，而自己就是谈话中的主角。这时突然边上有人不断地插话会让我们的主角不满甚至生气。所以出于最基本的礼貌层面，我们也要注意不轻易在他人谈话时插嘴。除非你真的感到有必要纠正对方的观点或发表自己的意见。

4. 当我们出席一些派对、宴会等场合时，会与一些不熟悉的人交谈。对于生客，不要贸然问人家工资多少。工资在西方社会被视为个人隐私，是谈话的禁忌。关于金钱的问题容易引起尴尬，还是少问为妙。而要想得到女士的微笑，那么就不要随便问她的年龄，要多花时间用在赞美她的美丽与年轻上。

5. 多用赞美，少点批评。在交谈中，如果赞同对方的观点，一定要不吝赞美。“这真是个天才的想法。”“实话说，我完全被你的观点所吸引了。”说几句赞美的话语是件很容易做到的事情，并且会取得意想不到的好的效果。当然，你要学会正确地赞美。而在意见相左的时候，尽可能把自己的不同意见表达得委婉一些。这样会使别人比较容易接受。

听取别人的讲话是人们生活中一项很重要的活动，它不仅体现出对别人的尊重，也传递了人们之间的思想、情感，能够消除互相之间的隔阂，增进友谊，还能锻炼听者自己的沟通能力。合理的小窍门可以让你在与人交往方面更加张弛有度，只要把握住这些要点，当你再与别人交谈时，你绝对可以成为对方眼里最佳的交谈伙伴。

下　篇

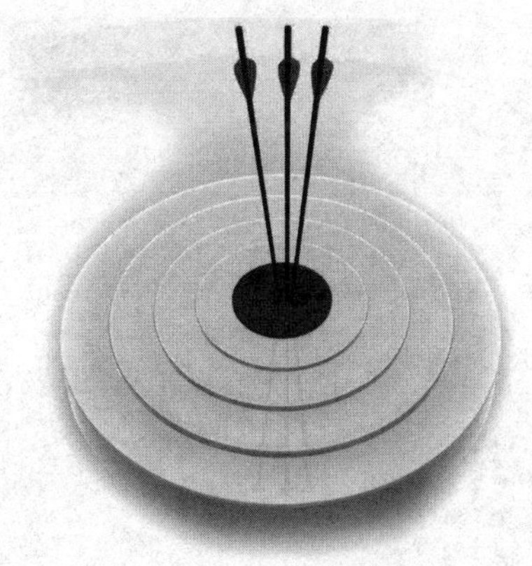

第七章

专注的智慧：克服焦虑和恐惧

专注聊天的话题，会让你忘了社交恐惧

王子铭从小就有些内向和口吃，但上初中之前，这种情况并没有发展得很严重，直到上了高中，自我意识开始逐渐加强，新同学又都互不相识，所以交际上的敏感比较突出。那段时间里王子铭变得很害羞、内向，口吃也加重了，尤其在和老师、异性的交往中心理障碍很大，经常会躲着老师走，见到老师也不知道说什么好，对老师始终有一种恐惧感。

大学毕业后，王子铭进入一家外企工作，他更加感觉不适应了，自己没有一点社会经验，面对上级心理压力非常大，不知说什么话好，怕说错话得罪上级，和女同事交往时自己也和高中时候一样很害羞，看到有的人很会说话、会办事，王子铭自愧不如，很是自卑，结果越是这样越焦虑、紧张，社交恐惧心理和口吃就越加重。“我越来越封闭自己，在单位里很少主动和人交流，经常躲着人，不敢与人对视，内心痛苦极了。”从此王子铭经常以各种各样的理由向公司请假，直到最后公司坚决不给他批假，王子铭不得已辞去了工作。

在正常的社交中，你是否不愿成为别人关注的焦点？是否会因为害怕在别人面前害羞或不好意思而不和他人说话或不愿意做某些事情？你害怕别人觉得你愚笨吗？如果你有以上现象，或是在社交中总是莫名地觉得压抑、恐

慌，那你有可能患了“社交恐惧症”。

社交恐惧症是恐惧症的一种亚型，恐惧症原称恐怖性神经症，是神经症的一种，以过分和不合理地惧怕外界某种客观事物或情境为主要表现，患者明知这种恐惧反应是过分的或不合理的，但仍反复出现，难以控制。恐惧发作时常常伴有明显的焦虑和自主神经症状，患者极力回避导致恐惧的客观事物或情境，或是带着畏惧去忍受，因而影响其正常活动。

社交恐惧症患者总是担心会在别人面前出丑，在参加任何社会聚会之前，他们都会感到极度的焦虑。他们会想象自己如何在别人面前出丑，当真的和别人在一起的时候，他们会感到更加不自然，甚至说不出一句话。

生活中，如果你患了一般社交恐惧症，在任何地方、任何情境中，你都会害怕自己成为别人注意的中心：你会发现周围每个人都在看着你，观察你的每个小动作；你害怕被介绍给陌生人，甚至害怕在公共场所进餐、喝饮料；你会尽可能回避去商场和餐馆；你从不敢和老板、同事或任何人进行争论，捍卫你的权利。

因此在社交中你首先需要学会的是如何毫无畏惧地看着别人。当然，对于一个害羞的人，开始这样做比较困难，但你非学不可。试想，你若老是回避别人的视线，老盯着一件家具或远处的墙角，会显得很幼稚。难道你和对方不是处在一个同等的地位吗？为什么不拿出点勇气来，大胆而自信地看着别人呢？

当然，有时你的羞怯不完全是由于过分紧张，而是由于你的知识领域过于狭窄，或对当前发生的事情知道得太少的缘故。假若你能经常涉猎各领域的优秀图书、报纸杂志，开拓自己的视野，丰富自己的阅历，你就会发现，在社交场合你可以毫无困难地表达你的意见。这将会有力地帮助你树立自信，克服羞怯。

有社交恐惧的人在与人交谈时，除了不好意思开口以外，过度的紧张也是导致他们不愿与人交谈的一大阻碍。心理上的紧张总是伴随着一系列的生理上的不适，根据“强化理论”，如果紧张时我们太注意自己的身体某些部位的紧张反应，就相当于是在强化自己的紧张行为，使其一步一步地加重。而当我们不去管自己的紧张反应后，由于紧张得不到注意和强化，紧张反应就会随着时间的推移而逐渐消退。

有紧张现象的人，在社交场合下，往往会表现出逃避心理，害怕自己会出丑而不去面对。其实，逃避并不能消除紧张，相反，它会使你感到自己的懦弱，使你责备自己，以致下一次会更加紧张。而且，我们也不可能逃避一辈子，我们生活在这个社会上，是必须与人交往的，早晚有一天，我们都必须去面对。

克服紧张的最好办法就是勇敢地去面对紧张！就像一位心理学专家指出的那样："我们害怕的其实并不是事物的本身，而是我们自己！"关键就是看你能不能战胜自己，勇敢地迈出第一步！将注意力从自身的恐惧转移到你们聊天的话题上，你会发现你可以比你想象中的更加从容。

心烦意乱？专注是让你不再无聊至极的法宝

陆航最近心情很烦躁，随便发生一点小事都会让他感到心烦意乱：去饭馆吃饭，点的菜上得略微有些慢了，他都会动怒；好不容易工作了一天，回到家里本以为可以放松一下，玩会儿游戏打发无聊的时间，可是游戏里随便有玩家说点什么他都受不了，严重的时候甚至将鼠标狠狠地摔在桌子上……

生活中，几乎每一个人的口中都会经常出现“无聊”这个词，但是，我们真正地明白什么是无聊吗？无聊究竟是一个什么东西我们知道吗？这个问题本不是问题，但却是现实，因为我们很多人都不是很明白无聊的含义是什么，以及我们为什么会无聊。

其实日常生活中，我们没有什么想做的，闲着无事，便会觉得很无聊，因此在这里无聊的含义便是无事可做。因为我们什么都不能做，因此便会觉得有些空虚，这就是这个阶段的无聊。可是无聊真的就只是无事可做吗？

相反的，我们在工作很累很累的时候也会觉得无聊。为什么呢？因为我们每天都会从事同一种工作，每天都做着重复的事情，重复的动作，因此我们便越来越觉得没有多大的兴趣，觉得这一切似乎有些单调，再也找寻不到刚接手时的那种兴奋感，因此对于工作的热情也会随之减少。随着时间的推移，我们便慢慢地开始对这项工作失去兴趣，更有甚者会想着换一份工作。其实这也是一种无聊，这是工作上的无聊。

生活中，不论将自己的日程安排得多么紧密，我们都必须得承认，平均每天都有至少一个小时的时间是在等待中度过，而对于有注意力缺陷的人来说，无聊的时刻尤其令人沮丧和愤怒。

在这个快节奏的时代，我们都会因为工作、情感、学习等问题而产生心理压力，也会出现无聊的情绪状态。这种情绪状态会让我们无所事事，不知道自己应该做什么，从而感觉到空虚、孤独、烦躁。

其实烦躁只是一种通俗的说法，如果用心理学的名词术语，比较接近的说法是焦虑。人的焦虑分两种情况：一种是气质性的，是由于个人气质所致，个性比较内向抑郁，往往比较容易焦虑；另一种是反应性的，是被某些事件，如婚恋失败、升学挫折、工作失意、意外事件等诱发的。

当然，也可能有的人一下子找不到原因，只认为自己是在莫名其妙地心烦，那么这种情况可能与以下几个因素有关。第一种是躯体因素，过度疲劳、月经前期、更年期等原因均可引起这种心境。第二种可能是缺乏目标或目标不明确，如果一个人成天无所事事，时间一长，就会莫名其妙地胡思乱想："我究竟是在干什么？这样活着有什么意思？"第三种可能是缺乏导向目标的行动。也许你有目标，但由于种种原因和困难，缺乏一步步实现自己目标的行动力。"我为什么不能实现自己的目标？"一种无力感、负疚感就可能会困扰你，令你心烦意乱。第四种可能的原因是早期经历。童年的不幸、痛苦被压抑进了潜意识，表面上看起来风平浪静，但这些对于你现在的行为却起着负面的影响，于是，你就会经常地心烦意乱，却又感到莫名其妙。

心理学家建议，人们应该"重新定义无聊一词，尽可能地少把它当成一种情绪状态，而更多地把它当成一种缓慢而持久的培养自己内在价值的机会"。就像开始激动人心的旅程之前总要在飞机上度过一段似乎停滞的时光，生活中乏味的时刻总是不可避免。如果你想要摆脱这种无聊的状况，那么你不妨试试下面的方法：

1．全身心投入

“正念减压疗法”创始人乔恩·卡巴·金曾说：“当你专注于自己的无聊时刻，你会发现它会变得非常有趣。”如果你渴望完成一项困难的任务，那么记得，让你感觉最好、最充实的时候正是坚持的过程，而不是逃避。甚至是你在超市选好东西排队结账的时候，如果你合理安排，那也是一次锻炼耐心的好机会。想一想那些你很看重的品德，再思考一下无聊感是如何干扰你的。

无聊感不只是一种情绪，这种感受经历还包括很多行为，比如走神、抱怨、不停地看表以及拖延症。所以，为了不感到无聊，用你全部的热情去做事吧。另外，开会时坐在前排或者中间会有更强烈的参与感、存在感。

如果因为你花很长时间去追求自己并不喜欢的事业而感到无聊，那么这正好可以为你敲响警钟，告诉你该采取行动去改变了。

2．做你喜欢的事情

现实就是，再精彩的人生里也一定有乏味无聊的时刻，而我们要努力在其中找到宁静。一个人想要把自己完全排除在单调时光之外几乎是不可能的，而且大部分我们认为最有意义的活动也有沉闷无趣的时刻。与看完一场让人哈哈大笑的电影相比，在图书馆学习到深夜通常更让我们感到充实。

3. 做出行动

有时你会忽然间感到莫名心烦，那或许是因为你心中还有一些东西没有放下，心结没有打开。面对生活，我们应该建立一个正确的认识，那就是不管我们所面临的问题怎么棘手，只要一件一件地着手解决，总会使自己越来越轻松的。心烦气躁，往往是因为你什么都没有做，没有解决问题，只会在那儿一个劲地抱怨。让自己有事可做，行动起来，就不会感到无聊和难受了。

只专注于你想要的，焦虑是因为你什么都想要

艾希今年30岁，是深圳某广告公司项目主管。当初，她怀着满腔的热情进入广告这个行业，经历几年的磨炼之后，迅速积累了丰富的经验。从创意、计划到文案策划，她完全可以一手抓，头衔也从最开始的“文案策划”变成了“项目主管”。

但是近一年来，艾希一直处在一种焦虑和茫然并存的状态中。说起来是项目主管，但实际上做的还是文案工作，重复的工作内容让她在工作上越来越没有激情。艾希也在考虑将来要往哪个方向发展：是继续做项目执行方面的工作，还是转向市场开拓？如果是执行，那么也许艾希很难再有往上走的机会了；如果转到市场方面，那么艾希现在的年纪也很尴尬，很多个人计划就要被搁置。可是一想到这辈子就这么混过去了，她心里又觉得很难过。

这样的心态让艾希对待当下的工作很难有热情，往往是应付了事，工作间隙，她常常去浏览各大招聘网站，也不断跟猎头接触。机会还是有的，但总的来说，各个方面都能让艾希满意的工作很难找。艾希的心情也常常因此在希望和失望之间动荡。

衡量一个人有没有出息的，在许多人的眼里，就是房子、车子、地位、名声，很少有人问问自己内心的真实感受，是否真的幸福，是否真的如外人

看来那么好。人有很多的不快乐，其实是源于不满足，而不满足，很多时候是源于心不定，而心不定则是因为不清楚究竟自己要什么，不清楚要什么的结果就是什么都想要，结果什么都没得到。

职场中，像艾希一样焦虑的人不少。临近30岁，日复一日，重复的工作慢慢消耗着热情，升职空间看上去很渺茫，薪水也没有大幅度上涨的希望，“90后”的年轻人也已经意气风发地迈进了职场，这更让30岁左右的职场人士焦虑不安，他们会出现焦虑、迷惘、惶恐等负面情绪。

在30岁左右焦虑感莫名增加的人，总的来说都是对自我有要求的、积极主动有进取心的人。正是因为他们对自己有进一步的要求，希望能够走得更高、更远，才会产生这样的焦虑之感。而对于艾希这样的女性来说则更是如此。大部分女性在这个年纪，已经开始把注意力更多地放在孩子、家庭等问题上了，即便人在职场，也只是图个稳定保障，让自己有点事情做而已。这时候，能对自己提出要求，还是相当值得肯定的，但是要注意不要给自己太大的压力，不然就会让自己陷入深深的焦虑之中。

作为职场人士，你一定要清楚一点，拼职场是一场马拉松式的长跑，谁也不可能永远处于发力冲刺的状态，高潮期和低潮期必然是交替出现的。所以不必太担心自己一时的工作热情减退，或对未来感到迷惘的心态，只要注意调适便可以了。当你为了前途而焦虑迷茫的时候，不妨问问自己下面几个问题：

1．“我想要什么？”

化解迷惘的最佳方法就是下定决心找到自己明确的目标。在职场上，30岁其实还是一个很年轻的年龄，如果是因为没有赏识你的人和适合你的环境，积极主动地寻找伯乐也不失为一种解决“职场30岁焦虑”的好办法。清楚地分析一下自己擅长的领域、目前积累的资源、最感兴趣的方向等，让自己的目标尽快明确起来。

成功的标准是多元的，成功者不限于名人和富人。问问自己：“我真正想要的是什么？”“我为什么不可以慢一点儿？”不要太贪心，不能什么都想要。这样想或许能让你豁然开朗。

2. “我是不是很没耐心？”

生活中，源源不断的焦虑感，很有可能让人失去耐心、浮躁激进、急功近利、不切实际。如果长期保持这种心态，那么做出的决定很难确保理性。

即便你决心寻找更好的机会，也不要太轻率地跳槽。既然你把它当做一次往更高处走的机会，那么就尽量考虑周全些，连续不间断的在同一领域的工作经历才能帮助你积累有效的工作经验。跳槽本身不是目的，而是通过适当的工作变动和探索，尽快确定适合自己发展方向的手段而已。

在任何企业的任何职位上，不经过一段时间的观察和实践很难做到真正了解，遇到挫折或者感到迷茫时，多些理性思考，多些耐心。更重要的是，如果你因为寻找新机会而焦躁忙乱，导致对当下的工作没法尽心对待，那么两头没着落的最糟糕状态往往很有可能出现。

3. “我有平常心吗？”

古人说“三十而立”，是基于那时候人的寿命普遍比现在短。放在今天这样激烈残酷的现实竞争中来看，职场人士不要说三十能立了，30岁能够明确方向，开始行动，都可以算是不错的成绩。四十而立甚至五十而立，也都来得及。在过程中尽到自己最大努力，最后能走到一个什么样的高度，能取得怎样的成就，以平常心看待。

专注于解决问题，战胜对困难的恐惧

刘子星有点自卑，大学毕业一年多，只在百货公司做过几个月的销售工作就做不下去了。他心里总是不踏实，觉得自己做得不好。离职的时候上级部门的几个经理逐一找他谈话希望他留下，也没让他克服这种情绪。现在就连小区保安的工作，他都不敢尝试。眼看着自己的同学一个个在工作上都有了起色，他就愈加自卑，感觉人生都没有希望了。

“恐惧”这个词从诞生起便带有可怕的含义。事实上，不管你怎么使用这个词，它所带来的信息似乎总是负面的。其实每个人在一生中都难免经历恐惧，有些人的恐惧有特定的诱因，而其他的人会经历比较抽象的恐惧，如排斥、抛弃等。

所谓恐惧心理，是在真实或想象的危险中，个人或群体深刻感受到的一种强烈而压抑的情感状态。其表现为：神经高度紧张，内心充满害怕，注意力无法集中，脑子一片空白，不能正确判断或控制自己的举止，变得容易冲动。

恐惧心理的产生与过去的心理感受和亲身体验有关。俗话说：“一朝被蛇咬，十年怕井绳。”有的人在过去受过某种刺激，大脑中形成了一个兴奋点，当再遇到同样的情景时，过去的经验被唤起，就会产生恐惧感。恐惧心理还与人的性格有关，一般从小就害羞、胆量小，长大以后也不善交际，孤独、内向的人，易产生恐惧感。

事实上，没有人逃得开恐惧，每个人都会恐惧，对于未知事物的想象，社会上的竞争环境，现实生活中的压力，这些都让恐惧潜伏在我们身边。因此，面对恐惧、战胜恐惧是每个人的人生课题之一，面对恐惧最好的应对方式便是不断地行动，不断地行动是克服恐惧的良药。

其实人生在面对各种挑战时，很多人失败的原因往往不是势单力薄，也不是没有把整个局势分析透彻，而是考虑得太详尽，进而被困难吓倒。征服畏惧、建立自信的最快、最切实有效的方法，就是去做你害怕的事，直到你获得成功的经验。

如果你决心要成功，你最大的敌人或许不是别人，而是时间与你自己。你必须不断地与时间进行拉锯战，因为时间不回头，你只能用有限的时间做最多的事，而你的另外一个敌人就是你自己。想要战胜内心的恐惧，你不妨试试下面的方法：

1．当你越勇敢行动，就越不感到恐惧

行动是治愈恐惧的良药，而犹豫、拖延将不断滋生恐惧。行动之前必须充分地酝酿，一旦下定决心，就应该果敢行动，当你越是积极地行动就越能够驱散内心的恐惧感。天生我材必有用，我们要相信自己的能力，学会肯定自己的价值。可以在工作和生活当中给自己定下一个个的小目标，当我们完成自己定下的目标时，就会产生成就感，这样可以让我们保持良好的心情，并且会变得越来越自信。

2．未知是恐惧的来源

恐惧多半来自未知，很多事情在无法完全了解的情况下，便让我们产生了恐惧，有时候很难得知最后的结果是什么，但如果你勇于行动，便可以帮助自己消除恐惧感。

3．成功的人，即使恐惧也勇敢行动

有些人就算在时机不好时也能致富，而有些人即便在时机良好时，也从来不采取行动。有些人能够承受严峻的个人财务风暴，并且一次比一次更加坚强，有些人却会被击垮，差别就在于：那些不论时机好坏都能采取正确行动的人，是以知识和能力管理自己的金钱，而不是被盲目的希望、愤怒、后悔或恐惧牵着鼻子走。他们知道如何冒险、何时避险，他们对成功法则的了解出于本能。精英人士即使知道迈向成功的道路会充满阻碍与挫折，他们仍然勇敢地前进。

4．当你越了解自己，越知道自己想做什么，就越不会感到恐惧

人的一生总会遇到几次大好机会，不用烦恼为什么机会始终还没出现，请时刻做好准备，以便当机会来临时有能力牢牢抓住它。

当你越了解自己，越知道自己想做什么，就越不会感到恐惧，因为一个知道自己来这世界上的使命是什么的人，不会害怕恐惧，因为他们知道自己想做什么、该做什么以及要怎么去做，一个知道自己真正要做什么的人，便不会感到恐惧！

5．克服恐惧，你才能成功

在困难面前，你要认识到，恐惧只是人与生俱来的一种心灵弱点，你无法控制，因为它会自发地产生。困难并不可怕，可怕的是你内心的恐惧感，这种恐惧感让你焦虑无助，坐立不安，其实根本没有必要。因为困难并不可怕，只是内心的恐惧感让你觉得困难好像很可怕而已。

世上没有什么事能真正让人恐惧，恐惧只不过是人心中的一种无形的障碍罢了，不少人碰到棘手的问题时，习惯设想出许多莫须有的困难，这自然就产生了恐惧感。遇事你只要大胆着手去干，就会发现事情其实并没有自己想象中的那么可怕。

专注沟通内容，与领导交流就不那么紧张了

大学毕业后，陈潇进入一家广告公司，担任文案一职，每月薪金不错，在单位里她做事认真细致，与同事关系融洽，而且在创意方面非常有想法。按理说陈潇在这家公司应该能有不错的发展，可她就是有一种想要辞职的冲动。她记不清自己是从什么时候开始，开始怕看到领导，不管是部门主管，还是公司经理，每次见到他们陈潇都会控制不住地浑身发抖，有时甚至脸红心跳。

到了后来，陈潇听到老板的声音都会觉得神经紧张，每次路过老板的办公室，她都蹑手蹑脚，生怕被老板发现然后被叫去谈话，在很多场合，陈潇都会与领导保持距离，尤其是在单位搞大型活动的时候，恨不能离领导越远越好。

很多人都有怕见领导的心态，和领导说话时紧张得结结巴巴，路上遇到领导低下头不敢打招呼，开会时空位子明明很多，却只敢坐在离领导最远的地方……当下，“惧怕上司”已经成为一种常态。除了敬畏领导本身的威严感外，在“步步惊心”的职场，很多人小心谨慎，害怕自己出错，很容易不自觉地逃避“和上级沟通”这种容易出现漏洞的情境，久而久之，就患上了人们常说的“上司恐惧症”。

上司恐惧症，指的是对具有管理权力和批评权力的人会产生习惯性的恐惧，比如单位的领导、大学的辅导员等。一般人对领导和老师都会有一点畏惧感，这种畏惧感是正常的，但是当一个人对上司产生了刻意的回避心理时就不正常了，这就是患上了所谓的“上司恐惧症”，又称“权威恐惧症”。

下属对上司的畏惧，在一定意义上也是积极的，因为这种适度的畏惧能够确保一个组织内部有清楚的权力界限，保证组织实施各项工作任务的快捷与准确，有利于组织内部的管理。但是如果下属对主要领导产生了刻意回避心理，害怕与领导打交道，甚至一看到领导就会心跳加速，紧张得说不出话来，这就反而影响部门组织正常的沟通交流了，另外，如果你也是这样的下属，你想过自己在职场晋升的道路上错过了多少机会吗？

在职场中，想要顺利发展的一大秘诀就是公司会议时坐在第一排。第一排离领导最近，让领导认识你很重要。如果你们公司的企业文化里面鼓励员工开会的时候发言，那么就要尽可能在会前多做准备工作。提问题前，大声说出你的名字和部门，让你的名字和形象时常出现在老板的脑海里，最终当他需要帮助的时候，第一个想到的可能就是你。

也许你会说：“我们领导可严肃了，我看见他大气都不敢出。”那么你可以从了解上司的生活入手，了解他的兴趣爱好或烦恼，比如他喜欢看美剧，热衷打篮球，或是家里有需要照顾的老人和宝宝……这么说并不是让你有的放矢地“拍马屁”，而是让你能够站在他的角度想问题，多一些共同的话题，从而加强彼此的信任。

想缓解“上司恐惧症”，第一步可以从打招呼开始。不要小瞧这点，要知道主动和人打招呼传递的信息是“我眼里有你”，谁不希望自己被别人注意和尊重呢，何况是你的上司。你眼里有上司，上司眼里才会有你。如果不知道应该如何和上司打招呼，不如从最简单的“您好”开始。无论是在办公室，还是在电梯或者洗手间，遇到领导，不好意思聊天，不如老老实实说一声“您好”，表达尊敬。说完这两个字，剩下的就交给领导吧，领导如果要和你聊天，跟着回答就是了。

要与上司多交流。在交流的过程中不但能克服见到上司产生的恐惧，同时也能明白上司对自己满意的是什么，不满意的是什么，能够让上司更了解你，同时你也更了解上司，当有事情无法做出正确判断的时候，你就可以以你对上司的了解来做出正确的判断。

你可以经常告诉自己，和上司保持良好的沟通，也是工作的重要内容之一，只有获得上司的支持，把握工作方向，工作才能更加得心应手。此外，不要害怕在上司那里“碰钉子”，有时，即使被领导批评，他多数也是出于全局的考虑，千万不要以为上司在刁难自己。当然，平常生活中也可以找一些机会，与同事、上司一起活动，通过共同的话题和兴趣，拉近彼此间的距离。

如果你下定决心想要彻底摆脱心理上对于上司的恐惧，做到和上司谈笑风生的程度，首先要求你自己打开心扉，多找老板交流，你自己的故事讲多了，他自然也会分享他的故事。时间长了，双方就会了解彼此的性格。

如今的社交网络提供了更快速、更便捷的交流互动平台。打开他的微博微信，他喜欢发什么样的帖子，有什么样的朋友圈，都一目了然。只有加强彼此的了解，才能加强彼此的信任。信任是合作的基础，有了这个基础，你才会有施展才华的舞台。

第八章

专注的快乐：享受全情投入的乐趣

花上一下午的时间整理房间

雨晴平日里比较懒散，用她自己的话来说，她的房间永远都是乱七八糟的。每隔一段时间雨晴会简单地收拾一下，可是不出三天整个屋子又是一团糟，只要床上还有够自己躺下的空间她就得过且过。她觉得这样挺好，至少很舒心。

不过，这个周末她有点犯愁，因为她高中偷偷喜欢的那个男生说要来看看她。看着地上散落的零钱，被丢得到处都是的塔罗牌，还有那些角落里躺着的瓶瓶罐罐，雨晴不禁摸着额头叹气。

当你在家宴请朋友时，如果你的朋友突然问起类似于“透明胶带放在哪儿了”这样的问题，能快速而又准确地做出回答的人想必都是持家的高手。但回答“啊？我想想”“好像在那吧。嗯？没有吗？那就不知道了”“这个啊？我也忘了放哪了”的人似乎更多吧？其实这些人并不是记忆力不够好，而是整理归纳的方法不够好。

为了使你的生活环境变得更加整洁，你的个人空间变得更有秩序，尤其是你的生活方式变得更有条理，不妨尝试一下以下将要介绍到的一些实用的小方法。事实证明，大多数的人只要采取这些办法，即使是最忙的人也能在一个小时之内使一切变得井然有序，或至少开始有个头绪。

如果你面前的房间相当的凌乱，比如衣服、旧书、啤酒瓶、零食、闲置的电脑外设等，角角落落，里里外外，到处都是的话，可以试着找到一只尽可能大的纸箱，先将你眼前所有需要收拾的东西都放进去，尽可能地清理掉摆放在屋子里的一切杂物。过段时间当你有空坐下来处理箱子里的杂物时，你会发现收拾纸箱里的东西要比眼下立马处理杂物容易得多。只是一个纸箱，就能使属于你的空间显得更整洁，让相关的物品更容易处理。

大多数时候，房间显得杂乱无章，最主要是由于地面脏。从心理学的角度来说，经常身处于一个空间里，干净的地板可以在一定程度上影响人心情的好坏。如果你所处的环境地面本来就是干净的，那么就努力一直保持下去。要是你房间的地面被待洗衣物、篮球或是其他物品所占据，从而使得地面满是灰尘，那么你可以将所有的物品集中摆放的一个地方，然后用拖布好好地擦一次地，地干净了，空间看起来会舒服很多，你的感觉也会更好，而且你对整理的畏难情绪也可能因此大大降低。

有时候你所处的空间凌乱不堪的另一个因素是东西没有固定的摆放位置。你可以按照自己的一些想法给物品分类，如小说和音乐CD，如果你认为这两种物品都是你的业余爱好的话，那么你可以试着将它们一起安排到某个固定的地方。一旦找好放置的地方，就可以到处找找小说、CD以及其他一些你感兴趣的物品，一并放在这儿。这个过程很短，通常只需半小时。只要有了专门的、固定的摆放位置，任何物品整理起来就会容易得多。

如果生活中你是个“收藏控”，东西太多整理不过来怎么办？不用烦恼，整理它们并不需要花费太长的时间。但是在此之前，你必须先好好考虑一下：那些物品对于你来说到底是不是必要的？不记得最后一次使用是什么时候的美容工具，很多年都没穿过的衣服，放在那里好几年都没有翻过的书籍，别人送的不合自己喜好的礼物，因为便宜买多了的小玩意儿，等等，这些不管有用的没用的东西都一股脑儿堆积在屋子里，简直是对你生活空间的一种占用和浪费。你需要做的，只是留下“真的有必要的东西”，扔掉不需要的东西，这样一来就有足够的收纳空间，物品的存放和拿取也变得简单轻松。而这个过程中你付出的时间最多也就是半小时而已，在这半小时里，你能够做的就是拿一个大的垃圾袋，心里做一个简单的判断，然后如释重负地扔掉那些不再有价值的东西。想必你一定能够发现自己房间里的杂物有很大一部分是早该扔掉，但出于某种原因却没扔的。扔掉它们以后，你的房间立刻就会看起来清爽很多。

整理房间最好能够一口气完成，如果只是每天丢掉一些不重要的东西，或是稍微整理一下房间，其实并不会呈现什么显著的效果。而你也会出现“无论每天怎么整理屋子却还是很乱”的想法，其实这并不是房间或杂物让你感到烦恼，更多时候，是你自身的想法改变了。换句话说，即使有心“想要整理”，身体却无法再做出什么行动，其实这只是你的干劲消失了而已。其原因就在于你每天收拾屋子却看不到整理的成果，使你无法实际感受到整理的效果。所以为了让整理能够成功，就必须用正确的方法，在短时间内做出效果。一口气正确地整理完毕，结果立现。当然后面也需要持之以恒，才能将房间一直维持在整理好的状态。无论是谁，只要体验这个过程，都会打从心底不愿再让房间回到凌乱的样子。

在某一个下午好好地泡一壶功夫茶

午后的阳光透过明亮的落地窗，落在小雅的身上，可是她此时却一点也感受不到阳光的温暖，小雅最近的心情很烦躁，至于原因连她自己也说不清。前一天晚上闺蜜约小雅去酒吧，小雅坐在沙发上盯着自己的半瓶啤酒，毫无喝酒的兴趣，面对疯狂的舞池，她心里甚至生出了些许的无名火。走的时候还因为一点小事和闺蜜吵了一架，小雅知道不关闺蜜的事，她挺冤的，仔细想想，其实是自己心烦，却让闺蜜受了委屈。

人在心烦时，不愿意接触人，不愿意交谈，总想独自苦苦思索。然而，心烦时思维又像被猫抓了一样紊乱，一会儿想东，一会儿想西，不能集中在一点上进行深刻思考。思维的不集中，又加剧了心烦，就这样形成了恶性循环，越想越烦，越烦越想，严重时甚至陷入不能自拔的境地。

心情差时减压或者转移注意力的方法有很多，可倘若不想出门，只想把自己关在房间里的话，那么不妨给自己泡一壶功夫茶吧。

提起茶叶，相信很多人都不陌生。茶叶最早源于中国，而饮茶也始于中国，经过茶文化几千年的发展和传承，直到今天，茶文化已经是中国传统文化的重要组成部分，饮茶不但是传统饮食文化，同时，由于茶中含有多种抗氧化物质，对于消除自由基有一定的效果，因此喝茶也具有养生保健功能，每天喝两三杯茶对人体可起到防老化的作用。品功夫茶是一件风雅之事，当然，这与平时的饮茶不同。功夫茶操作起来需要一定的功夫，此功夫，乃沏泡的学问，品饮的功夫。正宗的功夫茶从水质、器皿到冲泡方法都有特定的要求。

想要喝上一杯上等的功夫茶，那么首先需要纳茶。纳茶并不只是将茶叶倒入茶壶里那么简单，这中间需要一点点小技巧，外加一些专注与耐心。打开茶罐，将少量茶叶倒在一张干净的白纸上，依靠肉眼分辨茶叶的粗细，将略粗的茶叶放置在茶壶的罐底和滴嘴处，再将细末放在中层，最后将最粗的茶叶放在上面，这样，纳茶的功夫就完成了。之所以要这样做，是因为茶叶之中细末是味道最浓的，放多了茶容易发苦，同时也容易塞住滴嘴，将茶叶这样放好，就可以使出茶均匀，茶味逐渐发挥。纳茶，每一泡茶，大约以茶壶容量为准，放有七成茶叶在里面就足够了。如果太多，不但泡出的茶太浓，而且好茶叶多是嫩芽紧卷，一泡以开水之后，舒展开来，变得很大，纳茶太多，连水也冲不进去了。但太少也不行，没有味道。纳茶是冲功夫茶的第一步功夫。

纳茶之后，需要洗茶。洗茶的步骤很简单，将烧开的水沿着壶边缓缓冲入，切忌直冲入壶心，冲水的过程不可断续，也不可迫促。首次注入沸水后，应立即倾出茶汤，以去除茶叶中所含杂质，这就是“洗茶”。倾出的茶汤倒掉不喝。

冲茶与洗茶的步骤相同，都是要沿茶壶口内缘冲入沸水，水柱不能从壶心直冲而入，因为那样会“冲破茶胆”，破坏茶的味道。冲茶要像练书法，不急不缓、一气呵成，水壶和茶壶的距离要比较大，这样冲下来就叫“高冲”。“高冲”能使热力直透罐底，使茶沫上扬，不仅美观，也能让茶味更香。

冲水一定要满，好茶壶水满后茶沫浮起，绝不溢出，提壶盖，从壶口轻轻刮去茶沫，然后盖定，此为刮沫。

盖好壶盖，再以滚水淋于壶上，谓之淋罐。淋罐有几个作用：一是使热气内外夹攻，逼使茶香精迅速挥发，追加热气；二是小停片刻，让罐身水份全干，即是茶熟；三是冲去壶外茶沫。

几经数度工夫，最后一手就是洒茶。洒茶也就是俗称的斟茶，在斟茶时茶壶要尽量靠近茶杯，这样才能防止热气四散，水不够烫，使茶香过早挥发。同时，低斟还不会激起泡沫，也不会发出滴答的声响。斟茶时要把茶汤依次轮转洒入茶杯，如此反复二三次把各个茶杯渐渐斟满，就叫作“关公巡城”，这样能使各杯里的茶汤汤色均匀。

捧起小杯，慢饮细酌，啜毕还以杯口移近鼻孔，品其香味。功夫茶因杯小，香浓、汤热，故啜后杯中仍有余香，这是一股比从茶汤上溢出的香气更深沉、更浓烈的“山韵气”，“嗅杯”因此成为工夫茶所独有的雅趣。

品茶，品的是一种平实、无华、静如止水的人生心态，但不是无动于衷。茶文化倡导我们的并非是平平庸庸地过完一生，而是追求一种专注的心态，一种自我的信仰。品茶原来是一个快乐又漫长的过程，这茶，是要慢慢地品，慢慢地回味，轻抿细咽，反反复复，慢慢地才能品出茶里的韵味，茶里的人生。

泡功夫茶的整个过程是很有趣的，而且其中还有更深入的文化内涵。你喝着涩中有甜的功夫茶，温暖慰于心中，清香萦绕于齿唇之间，心旷神怡，回味无穷，有助于淡忘心中的烦躁与不安。

读进去一本书才能享受阅读的乐趣

陈希从小就很喜欢读书，在读大学的几年里，他拒绝网游的诱惑，一心一意泡在图书馆。三年多的时间里，陈希在不耽误自己功课的前提下，前前后后读了300多本书，书的种类很多，既有青春读本，又有古典文学，甚至还包括一些哲学、心理学范畴的书籍。这些书里面陈希有认真读的，也有泛读的。

陈希本以为大学三年多的时间里自己在知识上已经有了足够的积累，可是找工作时的四处碰壁却让他很灰心。在一次面试中，面试官看了一眼陈希简历上填写的爱好"阅读"，便问了问陈希平时看书的情况，陈希对面试官说了这几年自己的经历，本以为这三年多的阅读量是自己竞争工作的一个优势，可是末了面试官有些疑惑地告诉陈希，他真的没看出陈希读过这些书后与其他的学生有什么不一样的地方，这让陈希感到很受打击。

生活中，并不是每个人都必须立志成名成家，但每个人都向往心中有兴味，口中有趣味，为此我们会走向阅读。不是每个人都必须出口成章、学识渊博，但每个人却需要广见闻，明事理，为此我们也会走向阅读。在今天，走向阅读是一件极其自然和必然的事情。

然而不幸的是我们早已进入一个大众传媒的时代，伴随电子出版物的兴起，许多人特别是青少年越来越热衷于快餐式阅读，这种以追求快速、简单甚至愉悦为目的的阅读方式所带来的弊病也是显而易见的：许多人为了追求纯粹“悦读”而弃华章名著于不顾，在迅疾的流变中只愿选择图文并茂，抑或只有图片、视频的电子读物以单纯满足视觉的享受。

长此以往，痴迷于此的这一人群的文字表达能力必将退化，乃至逐渐丧失独立思考的能力，变成没有思想的“空心人”。欣慰的是，仍然有众多的读者在线上线下体验着阅读的真正乐趣。但是，在外界干扰和诱惑愈演愈烈的情形下，我们怎样才能培养并保持深度专注力，在这吵闹的环境中安心读书呢？

人们阅读的时候时常会进入这样一种状态：眼睛不知不觉已经扫过了当前的页面，可是脑子却一片空白，或者在思考别的事情，等到回过神的时候书已经翻过去了好几页。在阅读书籍的过程中，偶尔分神是件十分正常的事，在这方面我们能做的只是尽可能地调动起自己的注意力，让自己在阅读的时候变得专注起来，最终形成一种习惯。在凝聚专注力的过程中，我们不得不学会一些“放下”的功夫。比如说在这样一段时间里，尽量放下不怎么要紧的事，尽量放下自扰的胡思乱想，尽量放下手机，或将手机调成飞行模式，不被社交软件传来的讯息影响到自己的专注。

如果你看的是一些实用性的书，那么当你在生活中遇到麻烦时，不妨用用书中教给你的方法。这样读书才更有效果，阅读也会更有乐趣。

当你走进图书馆，拿起一本很感兴趣的书，花了很长时间却还是停留在前几页时，那么不妨把书放下，出去走走。读书本身就是一件可以使人心情放松的事情，如果看书让你不快乐，那也就没有必要硬着头皮去看了。对于什么时候应该读书，作家林语堂先生曾说：“兴味到时，拿起书来就读，这才叫做真正的读书，这才是不失读书之本意。”

我们在生活中随处可以见到这样一种人：他们在频繁地看手表，表示自己快等不及了；他们总是频繁地看书的页码，则说明他们快看不下去了；当他们念叨看了几本书的时候，往往是连书名、内容、主人公的姓名都记不全了。所以，总是炫耀自己看了多少本书这种行为本身，就说明你已经弱了。

歌德曾说："读一本好书，就是在和高尚的人谈话。"读一本好书，主动且探索能力强，才能与作者有交流，才能有专注的思辨、灵感的闪光。

有些书，要用心血去读；有些书，要用足够的经历去读；有些书，是要绞尽最后一粒脑细胞去读；有些书，是一辈子都读不完、读不透的……

其实看一本好书，不仅要看作者写了什么，还要琢磨文字背后的意蕴，那些弦外之音。此外，你还要去思考作者为什么要这样写，还要去想想看作者用了什么样的框架和策略在组织这本书，以及在各种细微处又用了什么样的方法和技巧，当然更重要的是，以上的这些分析对你自己的现实和精神世界能带来什么样的帮助，是否能启发你、引导你、改变你……

于是乎，一本值得读的好书，就需要你用五遍，甚至十遍来读烂读透它，而不是走到图书馆里从书架上随意抽出一本，粗略地浏览，然后放下，并对自己说"我又看了一本书"。对于这样的人而言，他不是读少了，而是读多了、读浅了！和许多人一样，他以为自己在读书，其实那不过只是在"集邮"。其实想要真正地读好书是一件很简单的事情，你只需要重新拿起一本你最欣赏的书，换一种方式，再读一遍、两遍、三遍……

其实，人生本就是一部无字天书。时光如箭，光阴荏苒，我们无时无刻不在用自己的努力与汗水来撰写人生之书的每一个文字，每一个篇章，诚愿普天下之人能读好人生这本精炼之书，找回自己，并享受快乐。

花几分钟闭上眼睛，让自己置身于音乐的殿堂

叶子是一个生活中离不开音乐的女孩，尤其是忙碌了一天之后，疲惫地回到家中，她喜欢关上卧室的房门，在静谧的空间里，把音乐的音量开到很大，闭上眼睛尽情享受。每当此时，她就感觉自己仿佛置身于一个音乐的殿堂，听着那美妙而动感的音乐，再跟着节奏哼唱上几句，那种感觉真的很好！

情人节的时候，叶子在音像店里精挑细选了十几张CD，里面收藏了很多十年前风靡一时的音乐，大部分是美国乡村音乐，其中夹杂着一些古典钢琴曲以及动感十足的电子乐。叶子在自己的博客主页上也添加了很多美妙的歌曲，当博客上有人问到她能够喜欢音乐多久时，叶子十分有信心地回复说："我想也许会是一辈子。"

在某种程度上而言，人类的感情是丰富而敏感的，有时生活的一点一滴会不经意地拨动我们柔软的心弦，引发我们最初的感动和惆怅。于是，音乐成了我们最好的宣泄方式，音乐里每一个跳动的音符，都能够把我们的内心世界表达得淋漓尽致、活灵活现。音乐可以倾诉，有倾诉者便有了倾听者，烦恼的时候，我们可以用一颗细腻温柔的心去倾听那无边无际的广阔内心世界，和音乐共起伏，和音乐背后那一颗心同忧共苦，享受每一个跳动的音符里所承载的酸甜苦辣。

音乐无处不在，有人说，如果一个人喜欢一首歌，是因为歌里有他的故事，有他想要铭记却又怕遗忘的记忆。音乐就是这样让人回味无穷，音乐，记下了我们心中倔强的伤和微微的笑，我们的眼泪、我们的幸福、我们的思念、我们的成长中发生的一切的一切，音乐好像都明白。也正因为这样，越来越多的人爱上了音乐，越来越多的人希望不管身处何地都可以欣赏到动人的音乐。

常听音乐的人基本都听过这样一个说法："音乐可以让人消除工作紧张，减轻生活压力，避免各类慢性疾病等。"其实这些都是有医学根据的。医学研究发现，经常接触音乐节奏、律动会对人体的脑波、心跳、肠胃蠕动、神经感应等产生积极作用，使人身心健康。音乐无形的力量远超乎个人想象，所以聆听音乐、鉴赏音乐，是现代人极为普遍的生活调剂。

生活中，很多人都有过这样的体验：有时候，无边的寂寞会莫明其妙地袭上心头，让自己有一种孤苦无助的感觉，此时带上耳机，听上几首节奏明快的歌曲，让音乐如水一样在心头清澈地流淌，整个人瞬间就会沉浸在美妙的旋律中，竟连寂寞也减少了许多。每个人都有孤独的时候，而音乐真诚地陪伴着人们度过了数不尽的漫长黑夜。

一位香港著名音乐大师说过："好的音乐不仅仅能熏陶人的灵魂，它还可以美化环境，优化人的形貌，每天坚持听好音乐，可使人类不断变得崇高、快乐、美丽起来。"

好的音乐并不需要你沉下心来听就可轻易走进你的内心世界。它常常是在不经意间轻轻拥抱你，如炎夏的一丝清凉的风从脸庞拂过，又如春日的阳光温柔地从干涩的发丝滑过。走进购物广场，坐在车上或是咖啡厅，随处都可听到，好的音乐无处不在。

如果你的生活中曾有美妙的音乐，如果你的心曾经为美妙的音乐而动情、陶醉，那么，这些曾使你感动的旋律会融化进你的灵魂里。

当文字表达不了我们的感受时，音乐总是能替我们说清千言万语。试想一下，在一个宁静的午后，一个人在窗前独坐，手中的热可可散发着诱人的香味，而你戴上精巧的耳机在浪漫的音乐殿堂中漫步，走进那或是低沉悠扬，或是激情澎湃的歌声中，打开歌者紧掩的心扉，去感受歌声的背后那丰富多采的内心世界，这一切，是多么妙不可言。在他们的音乐里，也许我们可以找到自己的影子，纵然飘渺恍惚，也散发着温馨的光芒。

或许我们并不能像那些音乐大师一样终日与琴瑟作伴，在灵动的音符中翱翔，但至少，我们可以在短暂的休憩中，与音乐相拥，感受浪漫的美好，让心灵得到共鸣，灵魂得到慰藉。音乐就像一首永远也写不完的抒情诗，总给人留下冗长的回音和无限的遐想，余音绕梁，回味无穷，让你压抑许久的心情豁然开朗，使你能够重拾上路的勇气。

放下手机，专注于享受美食和人与人交流的温暖

周末的时候，李伟一大家子相约去爷爷奶奶家吃晚饭，大家平时都比较忙，这种能够聚在一起的机会不算多，而且两位老人也都盼着孩子们过去吃顿饭。晚上6点半，家人们都赶到老人家中，李伟的弟弟和妹妹凑一块就喜欢研究手机，分享什么游戏好玩，而李伟就在一边刷微博。吃晚饭时，全家人都围在了桌前，看到儿孙满堂，两位老人自然很高兴。

吃饭时长辈们都在聊天，爷爷倒是挺想和李伟兄妹三人说话，不时问问工作和感情状况。可他们三人都把手机放在饭桌上，时不时地看看手机，后来弟弟和妹妹吃饱了，就拿起手机继续玩游戏，李伟时不时地评论朋友的微博。

老人屡次想和孙子孙女们交流，但孩子们却并不在意，只顾着低头玩手机，老人开始不高兴了。爷爷忽然起身说了一句，“你们就和手机过吧。”说完竟摔了眼前的一个盘子，生气地回了房间。原本其乐融融的家庭聚会场面，立刻变得尴尬无比，本来是很开心的家宴，没想到会演变成这样。

“聚餐时手机必须屏幕朝下置于餐桌上”“如想拍食物照片，需取得50%以上就餐者的认可”“每人有一次接电话的机会，但必须响铃7次以上”……近日，一则“餐桌手机使用规范”在网上出炉。无独有偶，美国一

家餐饮店推出了“不玩手机可打折”的活动，引发了不少网友热议，网友感叹：“吃饭时间，就放下手机，和朋友安心吃顿饭吧。”

爱因斯坦曾说：“我害怕有一天科技会取代人与人之间的交流，我们的社会将充斥着一群白痴。”如今，这种担忧正在变成现实。随着手机功能的增多，越来越多的人成了“手机控”，我们身边这样的画面俯拾皆是。地铁上、饭馆里，乘电梯、过马路，生活的每一个缝隙都被手机填满。朋友聚餐、家人团聚，“低头族”依旧忙着刷微博、聊微信、玩游戏，就算搭话也是敷衍了事。“低头族”的队伍正在壮大，从年轻人到中老年人，甚至孩子也在加入。

“低头族”源自英文单词Phubbing，是一个完全被杜撰出来的单词，由phone（手机）与snub（冷落）组合而成，大意是因玩手机而冷落了周围的人的社会现象，2012年这个词被收进了澳大利亚全国大辞典。很显然，信息时代的无礼与冷漠正在全球蔓延。一个名为StopPhubbing的网站上线了，在那里可以下载这样的标语：“禁发微博，禁发照片……请享受美食，聆听音乐，尊重良伴。”

“低头族”似乎无伤大雅，但其实严重干扰了原有的生活。一群人聚餐时，正当你举筷想要享受美食的时候，突然身旁的人拿起手机“啪啪”地左拍右拍折腾后，笑眯眯地宣告“可以吃了”，很快，美食的照片被迅速发到微博、微信等社交网络平台上。如今，和朋友聚餐，“让手机先吃”的情景并不陌生，除此以外，聚会时遇到自己不感兴趣的话题，立刻掏出手机刷刷微博、翻翻微信、看看新闻、玩玩游戏……“世界上最遥远的距离莫过于我们坐在一起，你却在玩手机。”这是网上流传很广的一句话，如今早已成为现实。

实际上，受到“地球关灯一小时”的启发，早前就有人表示随着现代人对手机依赖程度的与日俱增，应该倡议“聚会关机两小时”的活动，还有市民主张聚餐时手机“叠叠乐”，谁动手机谁请客，期待借此让现代人回归到现实交流中来。

如果在聚餐时，你提前预料到朋友会因为频繁地关注手机而造成聚会气氛受到影响，那么你不如在聚会还未开始之前主动发起这一套“餐桌手机使用规范”，将朋友想要低头的欲望生生地“扼杀”在摇篮之中。相信多数人会同意你这么做的。

餐桌手机使用规范：

1. 任何人都不能看手机，所有放在餐桌上的手机必须屏幕朝下；

2. 如果有人偷看手机被发现，第一个发现他看手机的那个人可以打开手机刷1分钟朋友圈；

3. 如果实在想拍下餐桌上食物的照片，在取得50%以上就餐者的认可后，在用餐开始前以及用餐结束后可以各拍一张；

4. 如果你刚刚和另一半吵架了，在用餐过程中允许发送一条道歉微信；

5. 每人有一次接电话的机会，但必须响铃7次以上，接电话的时间不得超过3分钟，在这个人接电话的时候，其他人都可以查看手机，直到其挂断电话；

6. 如果是和同事以及领导一起聚餐，领导有权查看手机2次，每次3分钟，但不可以在这期间给在场任何人安排工作任务；

7. 如果聊天时聊到一个有争议的话题，而通过简单的上网搜索可以解决，那么可以指定一人使用手机搜索答案；

8. 如果你刚结婚或者有了宝宝，可以给大家传阅手机看照片，但总时长不得超过5分钟。

远离手机，从自身做起，如果你能够在你的朋友圈推广这套规范，相信你在今后的聚餐中一定能够感受到不一样的快乐。

花点时间整理杂乱不堪的办公室

在某销售公司做经理的刘昊最近很苦恼，和他相处一年多的女朋友突然提出分手，而他们两个人分手的原因竟是刘昊的办公环境太脏、太乱。刘昊在喝酒的时候无比郁闷地对哥们儿说："我只不过吃完饼干包装忘了丢，用过的废纸舍不得扔，桌子不太擦，名片太多了点，就因为这么点小事，她就提出了分手。"

刘昊借着点酒劲很无奈地说："那天加班，谁知道女朋友突然来了，办公桌的脏乱差就全露馅了。有同事在，女朋友还蛮给面子，帮着打扫、收拾，可是一回去就变脸了，说见过脏的没见过这么脏的，这以后日子可怎么过，还是趁早分手好。"

端起酒杯，刘昊一边喝着啤酒一边和哥们儿倾诉："其实我还真不是故意要弄这么脏，有时候是太忙了，有时候是偷懒了，有时候是舍不得扔，总之桌子上东西是越来越多，然后灰尘就多了，越脏就越不知道该从哪里下手。"

你的电脑显示器周围是否贴满了便利贴？你的桌面是否淹没在成堆的文件里？你的会客椅是否隐藏在外套下面？你的同事正是以此来判断你的为人。

根据某人力资源公司对1000多名员工的调查显示，57%的人承认他们根据工作空间的整洁程度来判断他们同事的个性。与此同时，有近一半的受访者表示，他们对同事凌乱不堪的办公室感到"大为震惊"，大多数人把这归结于纯粹的懒惰。

“由于现在许多办公室空间日益开放，越来越多的人可以看到你的工作区，他们以此做出评判。这通常是个人的感受，他们认为你在现实生活中是个懒散的人。”这条规律来自某公司2014年发布的报告，这份报告发现，杂乱无章的办公室降低了工作的效率和动力。除此之外，报告还认为：通常你的表现优秀程度和你的工作空间整洁程度是保持一致的。如果工作空间井然有序、一丝不苟，那么你就具有工作的倾向和动力；如果你的办公室乱得不可收拾，也许到了进行大扫除的时候了。当然，如果不知道从何下手的话，那么你不妨尝试以下的几个小妙招，这些方法会帮助你整理杂乱的环境，保持办公室全年整洁干净。

1．每周定期清理

很多时候，同事们会把凌乱狼藉的办公室与你的组织能力差联系在一起，认为他们的项目或提议会淹没在你办公桌上的“垃圾堆”里。在自己的办公空间里，你要学会的是如何始终掌控这些杂物，让它们不会随着时间的推移而堆积起来，变成无法解决的可怕难题。对此，你需要做的是在日程表中设置定时重复提醒，每周清理工作区15分钟。扔掉垃圾和你不再需要的东西，收集你需要带回家的个人物品，同时整理零落的书面文件。你可以买些不同颜色的文件夹，将文件放入不同颜色的文件夹中：例如绿色的放金融文件，紫色的放客户文件，等等。文件夹一定要贴上标签，再根据颜色和首字母将所有文件夹整理、排好。还有，千万不要弄个“混杂”文件夹，你往往会忘记放入的是什么文件。这样，只要知道文件名，就可以准确找到其所属的文件夹。

2．不要堆放文件，而是设立界限

在你的办公室里根据不同的功能来建立区域：为电脑设置工作区，为图书设置图书区，为办公用品设置存储区，为档案设置归档区。把所有的东西放得井井有条，然后为各类物品的数量设立界限。如果你的书架放满了，每增加一本新书，就拿走一本旧书。如果你的档案柜不堪重负，就把超过一年的档案扔出去，或者进行数字归档。

3. 让物品远离地板

就像干净的办公桌一样，整洁的地板也会让办公空间豁然开朗。运动包、钱包、外套和替换的鞋子会迅速淹没办公空间，让它看起来杂乱无章。你可以在你的办公室或隔间墙壁上安装挂钩，用来悬挂外套、雨伞和皮包，让这些物品远离地板，把大包和更换的鞋子放在指定的抽屉里或架子上，但是注意不要让物品重量超过墙壁上挂钩的负荷。另外，办公室里杂乱的告示牌和歪斜的图片也会让你清理地板和办公桌的努力化为乌有，对于那些不必要的海报以及logo，与其继续贴在墙上，浪费你的注意力，不如趁早处理掉。

4. 减少数字垃圾

数字垃圾像实物垃圾一样让人感到紧张，并且消耗能量。有研究表明：大多数人每天至少花30分钟到1小时来寻找东西。整理数字文件和电子邮箱就像整理你的纸质文件一样——建立逻辑清楚的文件系统，清楚标明文件夹用途。此外，把你电脑屏幕上的图标数量保持到最低限度，把显示器上的便利贴换成日历提醒，这样看上去会更顺眼一些。

5. 处理掉一年没有使用过的办公用品

将它们返还给购买处，或者直接捐献给你喜欢的慈善机构。办公室里杂乱的东西越少，你就会越舒服。如果你买了新打印机，那就把旧的捐出去。你也根本用不着两台打印机，旧的那台只能是浪费，空占地方。这一原则对办公室里所有陈设都适用。

6. 规划今年的税务问题

在办公室里放一个盒子，贴上“新年税务”标签，在这个盒子里存放今年全年的税务相关文件，例如银行报表、公费消费收据、说明交费情况的在线银行结单以及慈善收据等。年终时，将盒子里的单据取出，分别放入两个文件夹，公事的和私事的，交给会计。这个方法比起年终时到处翻箱倒柜找文件显然要更胜一筹。

7. 时刻更新你的名片簿

你可以将一年来从来没有联系过的人的名片都扔掉。或许你的心里有数，如果这一年来你都没有联系过他们，那你这一辈子都不会再联系他们。如果你认为有必要保留某些信息，那就将日后可能联系的人物名片都放入一个文件夹，并贴上文件夹标签。

如果你摆脱了眼前的混乱，你能很容易地找到物品，你的办公空间看起来整洁干净，闻起来气味清新，你会感到工作效率更高，你的同事会凭借你的办公空间给你积极的评价。

第九章

专注的力量：告别穷忙和瞎忙

“穷忙”病因的自我诊断

“每天都忙得团团转！”某公司的销售经理李小飞说，“每周都有一两天陪客户吃饭，一两天出差，回到公司更闲不下来，既要打电话跟客户联系，又要处理经理吩咐下来的事，中间还穿插几次开会。一天下来，身心疲惫，一周下来，感觉就跟扒了一层皮一样。要是赶上业务繁忙期，我一个月下来能瘦十几斤！”

这正是现代职场人士工作状态的缩影。如果这样的“忙”能够获得丰厚回报的话，那多少也能找到些心理安慰，但是，偏偏有一批人“忙”得焦头烂额，工资却很微薄。

很多人或许都有过这样的感受：“我每天都按时上班，从不迟到，一到单位就投入工作中，事情多而杂，经常同时处理多个问题，当然，也会顾此失彼，忙了这个忘了另一个。为了完成工作，下班后还不得不加班，自己的时间被挤压得涓滴无存。可是，我的工资却少得可怜，基本处于刚能解决生存问题的水平。为什么我这么忙、这么累，工资却这么低呢？”

“穷忙族”为什么忙？一般情况下，不外乎以下4个原因：

1. 事情多，忙而无闲

“穷忙族”的事情总有很多，大事、小事，紧要的、重要的，将他们埋没在工作的海洋里，使他们整天疲于应付，根本没有时间学习或思考如何改进工作，工作效率自然无法提高。

2. 事情处理的时间规划不当，忙而无序

事情多，如果能够规划好，逐一解决，也能够轻松应对。“穷忙族”的时间规划却杂乱无章，基本上处于兵来将挡、水来土掩的被动局面，导致许多事情没完成就被打断，结果几乎没有处理妥当的工作，还需要对这些工作“半成品”进行再加工，这无疑耗费了大量时间和精力。

3. 处理事情耗费的时间长，忙而无效

本来可以一个小时完成的简单工作，“穷忙族”能够紧紧张张地处理一天。如果用拖延来形容的话，他们肯定会喊冤，因为他们觉得自己一直在努力工作，没有偷懒。究其原因，是处理问题的方法不对，没有找到简单而高效的路径。

4. 不够专注，忙而无律

一方面是自控能力差，工作中精力不能够集中，经常被其他事情吸引；另一方面也不排除消极怠工的因素。

忙而无闲、忙而无序、忙而无效、忙而无律，这4个原因直接导致“穷忙族”的“忙”变成了“瞎忙”“穷忙”，就像张天翼先生笔下的华威先生一样，整天忙忙碌碌，却没有一点实际效果，更没有可以拿得出手的结果，最终得不偿失。因此，“忙”并不能成为衡量工资水平的标准，它仅仅代表一种生活状态，而不能代表生活质量。“穷忙族”要告别困惑，必须明白这个道理：忙，并不能直接带来满意的结果。

终日忙忙碌碌又碌碌无为，只会对“穷忙族”的身体和心理健康都造成影响。所以“穷忙族”务必要找出自己“穷忙”的根源所在，正确应对，开辟一条属于自己的宽广的职业之路。众所周知，比尔·盖茨是依靠着挖掘DOS操作系统这座金矿，成为世界首富，但是DOS的真正发明者并不是他，比尔·盖茨仅仅是经营者。所以，一个富人要做的并不一定是开发基础的产品，而是合理地应用资源，对其价值进行最大化挖掘。

在快速的现代生活节奏中，面对高房价、高物价，职场人士应抽出更多时间经营和投资自我，而不要随波逐流，没有目标。有效管理时间和自我规划至关重要，无序的忙碌会形成恶性循环，对身心健康造成影响，而且会削弱自身长远的竞争力。

或许有人认为，通过满足欲望的手段和资源扩张就会获得幸福感。比如住豪宅，开豪车，拥有了便觉得幸福！但为什么全世界沿着这条路走的人最终都解决不了幸福的问题呢？诚如冯仑在《野蛮生长》一书中谈到的，原因就在于欲望永远比满足欲望的手段跑得快，而且欲望是永远满足不完的。

其实当人们面对所谓的"穷忙"时，不能简单地将工作赚钱理解为满足消费欲望的手段，而是要试着通过工作去寻找人生的机会和实现自我的价值。因此，"穷忙族"必须实现自我救赎，进行个体心态和价值观的调整。著名心理学家赛格利曼曾指出，财富只是在缺少时才对幸福有较大的影响，一个贫穷的人是不会感受到幸福的。其实对于"穷"与"富"，"忙"与"闲"并没有绝对意义上的数字划分，而有钱也并非奢求。这是因为，对于有钱到底意味着什么，所有人都有不同的见解。其实，就有钱而言，最让人吃惊的一个事实就是：人们总认为比现在的自己挣更多钱的人便是有钱人。你将发现，如果你现在对有钱的定义是每年挣20万元，一旦达到这一收入，你对有钱的定义起码会变成每年挣50万元！搞清楚要钱干什么、钱将怎样改变你的生活，而不应仅仅是确定一个数字然后拼命朝这个数字去努力，甚至以"穷""闲"为耻，以"富""忙"为荣。

在充满变化的世界里，对于未来我们很难掌控。但有目标、有规划的人生永远是最快乐的，因为当你为自己制定出一张清晰的人生规划图时，你便完成了一次"找自己"的过程，而走在追逐自己梦想的路上，本身就是一种幸福。

有一位白手起家的富翁曾说过，要想成功，必须有个目标，并为实现目标不懈努力、持之以恒。专注的品质更是摆脱穷忙、走向成功的必备素质。

别被暂时的贫困蒙蔽大脑

美琪毕业后换了好几份工作，跳槽的原因都是觉得薪水太低。在朋友的推荐和帮助之下，美琪进入了一家4S店做汽车销售。上班的头一天，美琪在同事的口中得知，这间店铺的老板很善于经营，生意也做得很成功，手下的员工基本都能拿到很高的薪水，这让一直苦于薪水太低的美琪开心得合不拢嘴。

然而，让所有人都没有想到的是，美琪在那间4S店里只干了两个多月就辞职了。她在电话里对朋友说，在那里上班底薪时有时无，房租、生活费都成问题，她迫不得已，只好另谋生路。

美琪的朋友挂了电话之后就直接打给4S店的老板，问及此事，老板告诉他，他们公司的员工没有几个人是靠底薪过日子的，做汽车销售这一行靠的是提成，往往一笔单子的提成可以抵得上一年的底薪。新来的员工前两个月都是没什么大单子，主要积累客户资源。因而刚开始做这行都很困难，但只要用心去做，熬过了这个困难期，就会很轻松了，当拿到很高的提成时，就不会在意那一点点底薪了。老板还说，他其实很看重美琪，也有意栽培她，可惜，她被暂时的困难吓倒而放弃了。

客观地来说，大多数情况下，“穷忙”是普通人融入社会、走向成功的必经阶段。很多人感觉在这家公司混不下去，就急忙跳到另一家公司；再混不下去时，再跳。一次次地选择，一次次地放弃，总是“打一枪，换一个地方”，又如何能成就事业呢？有很多时候，机遇就在前方不远处等待着我们，关键是要持之以恒和善于发现。

通常，那些高职高薪的人很是让人羡慕，殊不知看起来光彩照人的工作背后，他们也曾经历过贫寒困苦，也曾为一日三餐而四处奔走。

看看我们身边的好友，你仔细观察就能够发现，现在那些在职场中混得风生水起的人，在之前的某段时间里其实和你一样，都是名副其实的“穷忙族”，情绪也会因生活上的压力而一度非常低落，然而他们和你之间的差别在于，他们在那段时间里挺过来了。没错，每个人都或多或少地面对着不同的生活压力，但我们不能因此失去信心，更不能对自我、对人生缺乏长远的规划。

想生活得更好，物质条件更丰富，这本身没有错，但是很多人只知道盲目去做，完全不清楚该怎么做，不知道思考，工作自然没有进步，而且常常会被一时的贫困蒙蔽大脑，从而不知所措。

其实对于现在已经完全市场化的就业形势而言，工作不满意选择跳槽无可厚非，但是，频繁跳槽并不可取，尤其是大学毕业刚刚工作一两年的职场新人。很多大学毕业生，迫于就业压力，选择先就业后择业，工作后常常是边干手头工作，边谋划着跳槽事宜，然后在接下来一段时间里，工作会因频繁跳槽而显得极为不稳定，其专业技能、经验也无法得到有效加强，而频繁转换工作更增添了求职的难度。行业背景不扎实、专业技能没有得到系统培训提升、在职场的人脉也没有系统构建，将导致其求职情况不容乐观。

当你的工作和事业没有起色时，你不妨利用这个机会广泛收集各种信息，汲取各种知识，增强自己的实力。一旦时机到来，你便可以跃得更高，显得更加耀眼。

切记，当你遇到职场困惑的时候，一定要冷静思考，明确自己要走的可行性职业发展道路，只有稳扎稳打才能早日成功。

但总有很多人在做职业规划的时候犯了一种错误，即把最终的目标设定得太模糊、太笼统，还常常过于完美，不切实际。以“锻炼身体”为例，对于身体素质较差的人，将目标定在“增强抵抗力，保持一段时间不生病”，或者“爬五层楼不气喘吁吁”较为合适。如果没有把“好身体”的目标细化成类似的具体指标，或者只是幻想着有一天自己拥有像拳王泰森那样的身体，那么，你的锻炼计划最后很可能以失败收场。

不仅如此，计划做得太过随意，目标能否达成难以定论，工作有没有坚持不好衡量，就很容易使人产生挫败感。多次反复之后，人们就会认定自己在相关的工作上没有能力，就会相信自己永远也完不成任务。用杜拉拉的话说就是：“相关的成就经验越缺乏，人们对于自己能够实现愿望的自我效能感就越低，也就越不愿为之付出努力。”

模糊而不切合实际的目标会让人感觉不真实，不具备实际可操作性容易使个人丧失自信心和进取心。还有些初入职场的人士，一心想要在营销领域一鸣惊人，却没想过营销工作虽然具有一定的运气成分，更多需要的却是资历、经验、知识上的积累。所以职业规划不能好高骛远，而要根据自己的实际情况，一步一个脚印，才能有所成就。

别把时间都花在抱怨上

海归的博士生美妍，平日里总觉得自己怀才不遇，做事一遇到麻烦，首先想到的不是解决问题，而是抱怨，不是“老板分配工作不公平”，就是“同事玩心计”，总之自己在事情里永远是受害者，是替罪羊，听者大多出于礼貌表示同情，热心者甚至摩拳擦掌要帮她出头。但是有一次她又在主管面前滔滔不绝地抱怨另一个同事的无能时，主管沉默地听完，然后拨通了对方的电话，说：“美妍在我办公室，她刚才对你的工作能力发表了一些看法，我不想做你们的中间人，我想你也一定乐于了解你们俩之间存在的问题。”没等主管说完，美妍顿时满脸通红，羞愧难当。主管接着对她说：“我认为两种情况下你可以在背后说别人的闲话：一种是你在恭维他人；另外一种是那个不在场的人如果现身了，你也可以问心无愧、一字不差地重复自己说的话。”

抱怨好比口臭，当它从别人的嘴里出来时，我们就会注意到，但从自己的口中出来时，却能丝毫不闻。觉得你的志向和目前的工作实在相悖？觉得自己对老板的价值观实在不能苟同？你完全可以辞职，否则，就不要抱怨。抱怨只会让你觉得委屈、可怜，无助于解决任何问题。

我们的抱怨大多不会带来任何情感方面的快感。在我们每天发出的无数抱怨中只有极少数能争取到一点点的同情，更不用说大的情感慰藉了。而无效抱怨产生的影响却会累积，它能够腐蚀我们的精神，破坏我们的幸福感。久而久之，我们会发现自己被贴上了“哀号者”的标签。

生活中，抱怨是免不了的，有时也是必须的，这是很多人对这个时代无奈的认识。每一个有血有肉的人，面对如此超负荷的竞争机制，都会充满怨言，抱怨只是发泄情绪的一种方式。但关键在于，抱怨之后，你是继续保持生活的原样，还是转变对生活的态度。

在抱怨之前，你应该明白：老板不会因为你善于抱怨，就给你加薪；客户不会因为你善于抱怨，就为你买单；房地产商不会因为你善于抱怨，就降低房价；陌生人不会因为你善于抱怨，就主动跟你交朋友；领导不会因为你善于抱怨，就把该你承担的工作都分配给别人……

事实已经既定，由不得你做主，你也改变不了它们。我们唯一能做的，无非就是不断增强自己的竞争力，获取更多的社会资源，一点点减少身上的负能量，一步步让自己从恶劣的环境中冲出去。站得高一点，哪怕只有一点点，你周围的空气都会好一些。

我们大部分人，可能家境不够好，天赋不够高，长相不够美……但这些不能成为我们不努力的理由，恰恰相反，正因为我们如此平凡，才需要比别人付出更多的努力，假如你想超越现在的生活的话。

不抱怨的世界、一点脾气都没有的人，在现实里是不存在的。让自己不用再弯腰去求讨厌的人，让身边“道不同”的人越来越少，这才是努力的意义。

如果你研读马云的人生，在前37年里，他的人生就充斥着两个字：失败。37岁之后，他突然飞黄腾达了，秘诀就是4个字：永不抱怨。世界首富比尔·盖茨说过：“人生是不公平的，习惯去接受它吧！”但他紧接着又说，“当你抱怨不公平时，是否反省过‘我够努力了吗？’”

对于抱怨，首先检查一下：自己最近抱怨的时候多吗？如果发现自己的抱怨情绪越来越重，那么我们要学会冷静面对。因为凡是不成功的事情，它都具有自身的原因，如果我们急于马上去解决，可能会导致“忙中出错”。所以，首先要在情绪上保持冷静，冲动是魔鬼，切忌犯下“茫然冒进”的错误。冷静之后，仔细思考、分析，找出问题的关键所在，再兵来将挡、水来土掩、逐个击破。

如果抱怨的时候越来越少，这说明我们的心智在逐渐走向成熟，心态更加平和，更加包容和开放，更加感恩惜福。每个人生活中都或多或少有不如意的地方，如果经常处于抱怨之中或他人的抱怨之中，将很大程度地影响到自我的心理和行动。

之所以抱怨，还是由于各种欲求没有得到满足而产生了不满情绪，而我们经常又是未求诸已，反求诸人。我们外求的太多，奉献的太少；利已心太多，利他心太少；批评他人和社会太多，内观的太少，总觉得自己怀才不遇。同时，当不满产生的时候，我们很少真正地付诸于实际行动去解决问题，我们觉得自己的申诉、据理力争都是徒劳无功的，而我们这些不满又必须要发泄出来，憋着太难受，自然产生很多抱怨。

抱怨一方面是为了缓解自我的不爽，另一方面我们又寄希望于抱怨，想借此影响他人，让被影响的人替我们出头和伸张正义，发泄怨气。但是很遗憾的是，能够听你抱怨和受你影响的人也是不会付诸于实际行动去解决问题的人，反而是双方都陷入到一种消极的环境和氛围中。在这种情况下你失去了积极的心态，也失去了继续努力和付诸行动的冲动，最终影响到自我的心智。不抱怨并不代表什么事情都要逆来顺受，而是应该搞清楚对哪些应该去改变和适应，对哪些应该真正通过行动去尝试解决问题和捍卫自我权益。

生活中并不缺少美，而是缺少发现美的眼睛，只要有一个积极平和、专注生活的心态，多内省自我的不足，努力改进和提升自己，多付诸行动和实践而不是把问题停留在口头上，这些都是减少抱怨的方法。偶尔的抱怨有利于减轻自我的压力，但是长期的抱怨则让自己一生都陷入消极和防备。

跳槽：如何避免越跳越糟

顾雪晴大学毕业不过两年，工作却已经换了四份了，目前她正打算离职，因为想换第五份工作。为了工作上跳槽的事情，她没少和家里闹矛盾，但是雪晴和朋友说，其实每次换工资，她也是无可奈何，谁叫自己的这个专业不好找对口的工作。当初雪晴高考报志愿时，也不知道该选什么专业，后来还是家里人出的主意，让她报电子商务专业。当时电子商务很热门，雪晴想毕业以后工作肯定好找，于是同意了家里的建议。可是等自己进了大学才知道，原来电子商务这个专业并没有自己想象的那样，专业性很强，虽然电子商务需要学习的知识面很广泛，可是在哪个专业领域都不求精，这让雪晴毕业后在找工作上方向不明确，因此只好随便找，找到什么是什么。

雪晴毕业后的第一份工作是在某交易平台做售后服务，不到两个月，就因为受不了客户的无理取闹而辞职了；第二份工作是在一家软件公司做业务员，后来因压力太大，做不出业绩又离职了；目前在一家保险公司做文员，总体来说，每天的工作还是比较轻松的，可是让雪晴烦恼的是薪资太低，而且未来也没有什么发展，目前正打算离职。跳槽太频繁让雪晴自己也迷茫了：不知道该换什么工作，好像没有一份工作是适合自己的？

岁末年初正是跳槽的好时机，很多职场人士也在等着这个时候，以便找到一个好的发展机会，几乎每年的这个时候，职场中有跳槽想法的人比比皆是。现实情况是，有人跳了，越跳越好的有，越跳越差的却也不在少数。更有甚者，跳槽前是迷茫的，跳槽后更是迷茫，连再次改变的信心都没有了。当问及这些跳槽者的跳槽原因时，他们大多称：不满意薪酬待遇、缺乏发展空间、缺乏工作兴趣、难以接受工作环境或企业文化以及人际关系有问题等。他们原以为跳槽可以解决问题，但是由于对职场的了解不足而缺乏慎重考虑，陷入了跳槽的误区，导致自己越跳越迷茫。

在职业生涯中，跳槽对有些人是一场转机，而对有些人却是一次危机。怎么跳、往哪里跳才能跳出发展空间，其实这些都是有讲究的。对于那些因为感觉累而想换工作的人来说，一定要好好想一想，因为“累”并不能成为换工作的理由，除非健康状况真的出现问题。当然，想要把握时机改变现有工作状态无可厚非，但为避免越跳越糟，一定要特别注意一些心理误区，否则必定会遭遇挫折。

1．一时冲动要跳槽

由于一些突发事件，如未获得期望的奖励，与同事、上级发生争执等，一些人可能会不计代价地要离开现单位。在这种情况下很难一下子找到合适的工作，所以很多人常常不得不屈就某处。即使以后有了更好的机会而另谋他职时，也已浪费了不少时间和精力。

2．随波逐流，盲目跟风跳槽

一些人在一开始工作时就没有明确的职业规划，因此跳槽目标很不明确，甚至随波逐流，哪个行业热门就转向哪个行业，哪里钱多就往哪里跳。久而久之，就像一群候鸟飞东飞西，永远成不了雄鹰。

3．跟他人攀比着跳槽

一些人在择业时总以别人的工作为“样板”，收入、福利、出国机会等，想方设法为自己找一个符合此标准的职业。这种片面强调单方面因素而忽视其他重要方面的求职心理，不利于找到真正适合自己的工作。

工作中，让人跳槽的原因有很多，如果单纯因为不能承受压力而改行或转投其他地方，只能治标。增强职场抗压性，学会从工作中寻找乐趣、获得成长才是幸福感的真正来源，也是治本的真正方法。你应该规避盲目跳槽的3个禁忌，让每次跳槽都为自己的职业生涯带来质的飞跃。

禁忌1. 跳槽前，不做自我分析

要确保通过跳槽走出自己的迷茫期。对于有跳槽打算的人来说，跳槽之前不妨先弄清楚两个问题：一个是自己为什么跳槽，另外一个是自己有什么能力跳槽。要清楚跳槽的理由：哪些问题可以通过跳槽才能解决，哪些问题是跳槽也解决不了的。比如像顾雪晴，她并不清楚目前的职业特征其实还是比较适合她的，只是相应的平台没有大的发展空间，而且她自己也没有意识到该怎么沿着这个方向去积累自己的核心竞争力，不清楚以后的发展在哪里，所以不免心态浮躁，又想通过跳槽去尝试其他可能。这样的情况，再多跳几次还是解决不了问题。

禁忌2. 选择时，不做职场了解

了解自我，明确自己跳槽的理由，其次需要了解的就是职场各行业的背景以及岗位的特征，另外，还需要针对职场的需求来明确自己的优势和劣势，挖掘自己的职业核心竞争力。因为在选择工作的过程中，仅仅明白自己的适合度是不够的，一方面需要明确工作是生活的一部分，选择什么样的工作就是选择了什么样的生活方式，所以需要了解自己所选择的工作的方方面面，想清楚其是否是自己真正需要的；另一方面，企业需要的是能为自己做出效益的人才，所以更关注的是个人的工作能力。职业顾问认为，这就是为什么很多人在网上做了很多相关测评，但是不能真正解决问题的关键。

禁忌3. 行动时，缺乏求职技巧，扼杀了跳槽计划

跳槽的大前提是需要明确自己的定位，有系统的职业规划，才能防止自己跳错槽，或者越跳越迷茫，不能解决相应的问题。但是，除此以外，很多人的跳槽计划最终搁置，还是因为不能在现实中真正成功实施。因为跳槽等于再求职，同样面临着竞争的问题，遇到好的、适合自己的机会，因为缺乏相应的求职技巧，往往容易和机会失之交臂，在现实中碰壁；不好的自己也

看不上，所以跳槽计划在寻觅过程中也渐渐冷却，而随着年龄越来越大，机会变得越来越少了。

跳槽的悲剧在于，年年跳槽年年错。要真正地通过跳槽来解决问题，还是要分三步走：一是知己；二是知彼；三是战术。只有知己知彼，加上合适的求职战术，才能百战百胜。

做一份切实可行的职场规划

张云杰在一家外企从事销售工作，进入公司三年，他已经升为部门经理。每一年伊始，他都会为自己制定新一年的职场规划，这个习惯一直没有改变过，他认为新年职场规划应该是每个职场人士职业生涯规划的重要组成部分。

根据公司前一年给出张云杰未来去国外进修的机会，他以此为目标制定了今年的工作计划和进修计划。根据这个计划，张云杰从今年年初的时候参加了外语培训班，加强自己外语的沟通能力，希望通过进修的机会得到更高层次的学习，拓宽自己的视野。

在年初的公司酒会上，有人就张云杰这几年稳健的晋升向他取经，张云杰笑着说："我只是在不同的时期给自己制定了不同的计划，我认为，职场人士如果善于制定计划，并有条不紊地执行，就说明已经做好随时迎接机遇的准备。制定职场规划，对于等待职业发展机遇的职场人士来说是必不可少的习惯。当机遇真的来临的时候，有职场规划的人总能有条不紊地抓住机会，最终能够脱颖而出，实现自己的价值。"

每个人都会有自己的职业理想，但我们要知道理想的实现需要合理的规划。否则，理想始终只能是理想，哪怕它再高再远。职业规划就好比一张设计蓝图，能指导你一步步地向理想迈进。如果你正处于职业迷茫期或者在求职路上徘徊不前，但期望自己获得成功的职业人生，那一定要先为自己的理想做一份合理的职业规划。

1．规划前为自己进行职场“定位”

在制定职场规划时，首先要了解自己的职场定位，深入了解自己的优势和弱点，知道自己的兴趣所在，分析自己的知识和技能情况，制定真正适合自己，有助于自己职业发展的方案。

一个人的时间和精力是有限的，职业规划能够帮助员工树立明确的目标与规划，运用科学的方法、切实可行的措施，发挥个人的专长，在企业里实现自己的价值，少走一些弯路。

如果你不能很好地分析自己的能力，可通过同事、亲朋好友对自己的性格、兴趣爱好、工作能力做一个综合评价，有了准确的定位，能够帮助你作出合适的职业规划，以免盲目制定的规划目标过高或过低，打击自信。

对工作时间相对较长的员工而言，他们已经具备相关职业的经历与沉淀，建议根据之前的工作做一个评估分析，了解自己的知识储备情况是否达到就职的水平，再树立短期、中期、长期的职业发展目标。短期的发展目标完成时间约为几个月，中长期的发展目标完成时间则可以是1年、3年、5年不等。要对自己经历的事情进行沉淀，扬长避短，精益求精，才能让自己的职业生涯得到更好的发展。

2．计划合理时调整完善

对于不少职场人士而言，职场规划容易制定，却面临实行难的问题。或许很多人都遇到过这样的情况，当自己满心欢喜地给自己定了下一阶段的计划之后，却发现计划赶不上变化，一些当前很想做的事情到后来也都成了“烂尾工程”。

其实，职场人士制定的职场规划和职业目标应该是切实可行，并具有挑战性的。因为过高的职业目标和规划难以完成，容易打击自信，而过低的职业规划则容易令自己放松对自己的要求，变得不思进取。因此，在做规划之前，要先进一步了解自身的能力，进一步详尽估量主、客观条件和内外环境优势和限制，在“衡外情、量己力”的情形下，设计出符合自己特点的合理而又可行的职业生涯发展方向。

在实施的过程中，对于已制定的职业规划，可以通过拆分目标，把计划按照月、周、日等周期分布完成，同时可以追踪进度，养成良好的完成任务的习惯，完成任务时可以适当给自己一些奖励，从而鼓励自己继续努力。对制定的职业规划要坚持执行，同时也要注意工作计划的执行情况。当发现偏离了工作计划的时候，要加以注意并及时调整。当发现自己在某一方面能力不足的时候一定要设法弥补，及时充电，才不会让自己原地踏步或者倒退。

随时考虑你想要什么结果

杜坤是位业内知名的心理医生，每天到他这里来做心理咨询的人可谓络绎不绝。这天，匆匆忙忙地吃过午饭后，杜坤让助手安排下一位咨询者进来，没过多久，一位穿着休闲西服的男士推开门走了进来。

这位男士向杜坤大吐苦水，在他的牢骚中，杜坤知道他在一家国企工作了5年，对这家企业，他有很多不满意。等他把情绪发泄完之后，杜坤平静地问："你说你的职业生涯中有很多不满意的地方，那么，你有没有想过，你想要什么？"

这位男士愣了一下说："我就是因为不清楚，才来做咨询的啊。"

杜坤点了点头微笑着说："当你越清晰自己'不想要什么'的时候，你'想要什么'也就开始有了一个大概的轮廓。这是一个很好的开始。比如，你刚才说你不想从事低水平、重复的工作，那么或许创造性或挑战性的工作是你追求的。虽然这个还需要经过探索和检验，但好在你的'不想要'给了我们一个大概的方向。下面，我们可以看看它的反面是什么，在你的职业生涯中，有没有过一些开心的时候——哪怕时间很短。"

在接下来的咨询中，这位男士慢慢理清了自己理想中的职业的特征——经常与人沟通、有一定的创造性、自主性比较强等。他通过进一步的交谈，发现独立的咨询师或者自由讲师是他可以去努力的目标，下一步需要做的是

“充电”和修改履历，进入培训圈。

临走时杜坤对他说：“生活里，如果我们只是抱怨‘不想要什么’，而不去主动探索‘想要什么’，并不能帮助我们获得幸福和成就感。”

生活中，很多人都曾有过这样的迷茫——“我不知道自己想要什么！”在这句话背后有很多潜台词，比如，不知道自己到底要的是安全稳定还是挑战和成就感；不知道这个到底是不是自己想要的，还是被父母和朋友影响的，等等。在这群人之中，有些人性格比较内向，或者特别看重安全感，这让他更喜欢生活在自己的思考中，从而跟现实的世界缺乏连接。视野的狭窄让他看不到更多的机会和可能性，不知道这个世界上有哪些生活方式或者职业能够满足他。

对于很多人来说，职业视野不足是阻碍进入理想职业的关键原因，在这个时候，你需要走出去，参加不同行业的沙龙，跟更多的人沟通，并在这个过程中，获得更多的职业信息，让你心中的理想蓝图越来越清晰。

如果你做了一些了解，拥有了新的视野，恭喜你——你离自己“想要什么”的答案又靠近了一步。下一步的挑战是，虽然你有了一些选项，但或许只是纯属想象而已。

由于缺少体验，你很容易陷入“我感觉是这样”的想法中，对自己臆想的目标盲目乐观或者过于悲观，盲目乐观会导致鲁莽冲动，而过于悲观则会令自己困在自己的安全区中。就像一场恋爱，在第一次约会后，不足以马上得出对方是不是Mr.Right的答案，你需要和对方有更多的接触。

除了视野不足和缺乏体验外，另一些人的纠结在于貌似有好多选项，每个选项各有利弊，但不知道该选哪个，这往往是由于价值观不清晰。

现在大多数人的想法只是——“我想要一份工作，我想要一份不错的薪水。”现实里几乎所有人对于薪水都有一定的渴望，可是，你想每隔几年重新经历一次找工作的过程吗？你想每年都在这种对于工作和薪水的焦虑不安中度过吗？不想的话，就好好想清楚。很多人越是焦急，越是觉得自己需要一份新的工作，越饥不择食，就越想不清楚，就越容易失败，这导致他们的经历也跟着一起变得越来越差，然而他们一点办法也没有，只能跟着生活一起陷入这无尽的恶性循环，最终只能哀叹世事不公或者生不逢时，只能在失败者的共鸣当中寻求一点心理平衡罢了。大多数人都有生存压力，有生存压力就会有很多焦虑，积极的人会从焦虑中得到动力，而消极的人则会因为焦虑而迷失方向。所有人都必须在压力下做出选择，这是摆在很多人面前的一个难题。

通常我们处理事情的时候，会将事情分为“重要的事情”和“紧急的事情”两种，如果不做重要的事情就会常常去做紧急的事情。找工作也是如此，“想好自己究竟要什么”是重要的事情，“找工作”是紧急的事情，如果不想好，就会常常需要找工作。往往紧急的事情给人的压力比较大，迫使人们赶紧去做，相对来说重要的事情反而没给人那么大的压力，大多数人做事情都是以压力为导向的，压力之下，总觉得非要先做紧急的事情，结果就是永远到处救火，永远没有停歇的时候。很多人的工作也像是救火一样忙碌痛苦，就是因为工作中没有做好重要的事情。那些说自己活在水深火热中为了生存顾不上那么多的朋友，今天找工作困难就是因为当初你们没有做重要的事情，如果今天你们还是因为急于要找一份工作而不去思考，那么或许将来要继续承受痛苦找工作的结果。

天下没有轻松的成功。成功，就要付出代价。请先忘记一切的生存压力，想想这辈子你最想要的是什么？所以，最要紧的事情，是想好自己想要什么。

对所有人来说，一份好的工作，应该是适合你的工作，具体点说，应该是能给你带来你想要的东西的工作，你或许应该以此来衡量你的工作究竟好不好，而不是拿公司的规模大小、知名度、外企还是国企等来衡量。小公司，未必不是好公司，赚钱多的工作，也未必是好工作。你还是要先弄清楚你想要什么，如果你不清楚你想要什么，你就永远也不会找到好工作，因为你永远只看到你得不到的东西，你得到的，都是你不想要的。

可能，最好的已经在你的身边，只是你还没有学会珍惜。人们总是盯着得不到的东西，而忽视了那些已经得到的可贵的东西。

第十章

专注的效率：用时少也能做好工作

番茄工作法：一次只做一件事

为了在工作上交出成绩，每日忙得昏天黑地，私下的生活却只剩下吃饭、睡觉……每天重复过着这种日子，这样的人生真的幸福吗？为什么同样是每天8小时，有些人工作起来就很轻松，不用加班、不用把工作带回家，更不用放弃休假？因为他们懂得管理时间!

对很多人来说，时间就像是敌人。特别是在快要考试，快要截稿，工期快到时，当你心中的闹钟不断地提醒着你，时间已经很紧迫，那种焦急的心情会导致你的工作和学习效率低下，这时你所想的可能不是怎样去完成任务，而是怎么去拖延工期。“番茄工作法”就是针对灵活有效地利用时间而设计的，它会帮助你完成任务以及提高工作和学习效率。

所谓“番茄工作法”，指的是把任务分解成半小时左右，集中精力工作25分钟后休息5分钟，如此视作种一个“番茄”。哪怕工作没有完成，也要定时休息，然后再进入下一个番茄时间。收获4个“番茄”后，能休息15~30分钟。这样设定是考虑到，对庞大任务的恐惧和抗拒是导致拖延的重要原因，把注意力集中在“当下”，能帮助人们更好地集中精力、摆脱过去失败的阴影和对“万一任务完不成”的焦虑。而种“番茄”期间的休息安排，这样的小小激励能使我们在下一个30分钟更有动力。

1. 番茄工作法的三个基本原则

（1）忘记时间。无论我们做什么事情，时间总会流逝，当人们在进行具体事情的时候，时间流失带来的焦虑会轻很多，进行番茄工作法时，不要去管还剩多少时间。

（2）学习时，使大脑清醒，思路清晰，注意力集中。

（3）采用简单易用原则，不用太复杂工具。很多的工作法都失败了，因为这些方法本身的技术要求就是要应用它的人发愁，甚至比要完成的任务难度更高。

2. 哪些人适合用番茄法

（1）工作时总是走神干别的，比如做着工作的时候突然想起自己还有个东西没买，先去逛逛淘宝网，把手头的工作立马忘到脑后的。

（2）工作中常被QQ、MSN、邮件、电话等外部事件打扰的，一会儿有个老友QQ上找你说话，好久没联系了，先沟通下感情，一会儿又接到个电话让你交电话费，又忙着去交电话费了。

（3）平时忙得昏天黑地，到周末却发现好像自己什么都没做，感到挫败和焦虑的人，对他们来说如果用番茄工作法的话，就一定会发现自己做了很多有意义的工作。

3. 方法

番茄工作法需要的工具很简单：一只笔、一枚计时器以及两张白纸（或者你写在电脑上的记事本里）。这也是番茄工作法优于其他方法的根本原因，只需要借助简单的工具就能达到提高效率的目的。

两张白纸的用途如下：

（1）做出“今日待办”表格——填写今天的日期、列出打算在今天进行的任务，把最重要的任务排到第一位。每天早上需要更换此表格。不过要列清楚每天要办的事情也不那么容易，你需要养成记录工作日志的习惯，只有这样你才能知道你之前的任务进程，和今天应该继续做什么。在这基础上记录今天加入的未做任务，如果不能完成，就要作为明天的代办任务了。

（2）做出“紧急事件”表格——每天都会有很多临时的紧急事情，在一个番茄时间内，通常没有时间来完成这些紧急事件，那就列在纸上，按重要程度的优先级排序，等番茄时间过后，再把紧急事件安排到下一个番茄时间内完成。

4．原则

（1）定期评估工作的重要程度，及时调整工作的优先级。你要不断地维护上述两张表格，这样才能做出准确的排序。

（2）番茄钟具有原子性，不可分割。对于内部中断，比如突然想起有一个重要电话要打，饿了想吃点东西，把它们记录下来，然后继续手头的工作；对于外部中断，比如领导找你面谈，手机提醒你有新邮件，除了刻不容缓的事件，其他都记录为“计划外紧急”，均可留在稍后的番茄时间中重新计划，尽量不要在当时直接处理。我们很多人都喜欢做“加进来”的工作，认为是领导交代的，是我们必须优先完成的，其实你仔细研究研究这些工作，除了少数工作真正需要你立刻处理外，其他都是可以推后处理的。某种时候我们为了维护番茄时间的原子性，是可以对紧急任务说“不”的。只要我们合理地做了安排，确认工作会在某个番茄时间内处理就可以了。

（3）每完成一个番茄钟，一定要休息，每四个番茄钟后进行阶段性休息（15分钟），休息期间不允许思考工作，不打重要电话，不写重要邮件，让大脑充分休息。可以清理一下办公桌，或者去喜欢的社交网站转转。

（4）不要频繁地修改番茄钟的长度，在某个固定长度至少坚持两个星期，否则会破坏你的节奏。

5．其他注意事项

（1）复杂的工作要拆分，用多个番茄时间去做这件事，复杂的事情简单化。反之，简单的事情复杂化，如果工作量太小，就把几件小工作量的任务放到一个番茄时间做。

（2）学会估算时间，准确地估计工作难度和自己的效率，才能知道如何拆分或者合并工作，才能有效利用番茄时间来完成工作。

（3）贵在坚持，就像减肥，明知道自己很胖，可是看着桌上的美食，就是禁不住诱惑，最后只能是越来越胖。工作也一样，你坚持使用番茄工作法就会收到效果，如果只是图新鲜，任何方法也不能帮你解决效率低下的问题。一旦一段时间不使用番茄工作法，你之前养成的良好习惯马上就会消失，这也是番茄工作法最主要的缺点，必须一直坚持，才能保证你的工作效率。

（4）特别累，或者没有心情工作的时候也不要强迫自己使用番茄工作法，你需要停下来充分休息，想想为什么自己这么累，修整好之后再重新开始使用番茄时间。

（5）尽量减少内部打断。对于外部打断，我们可以控制自己暂时不去处理，但是内部打断来源于自身，更加容易发生和难于避免，自我控制力差的人就经常会被内部打断所干扰。解决这个问题的方法只有一个，就是坚持，你可以先尝试5分钟内不被内部或外部打断干扰，然后逐渐增加这个时间段的长度，直到能够做到25分钟内都能专心做一件事。

（6）给自己定个闹钟，就像给自己上发条一样，时间一到立马停止工作。通常在番茄时间的最后几分钟，由于精神高度集中，在这几分钟里会感到非常疲惫，铃声一响，你就会有一种解脱感，一种成就感，小小地满足一下吧。

（7）休息时间，比如公休日就不要再用番茄工作法了，该休息的时候就休息，没有压力的时间就应该充分放松。

6. 总结

番茄工作法能让我们把重点放在执行力上，它提供简单而具体的实践方法。每半个小时，从工作中跳出来，纵览全局，定期地短暂休息，采取可持续的步伐，让自己在最佳状态下全速前进，而不是一面埋头苦干，一面抵抗越来越多的中断。

善于归纳总结，才能举一反三

可可是某名牌大学的高材生，精通书画舞蹈的她在学校举办的各类活动里可谓是大放异彩。然而毕业后步入社会的她，面对陌生的岗位，无论怎么努力，都感觉自己和同期进公司的同事在能力上要差一截。除了上班时8小时的忙碌，下班之后可可还要去图书馆看书或者回家上网浏览与工作相关的资料，可是几个月过去了，她的工作能力还是上不去。虽然开会时领导没说什么，但是可可却感到很难过，她觉得自己很笨，渐渐地，竟丧失了工作的信心。

职场里往往存在这样一种人，他们平时在单位里工作没少做，班也没少加，累也没少受，但是由于不善于总结工作，无法使工作成为一种实在的经历，更不要说从工作中收获经验和教训了。

因此，职场新人不但要勤奋学习，而且还要善于总结、归纳；不但要踏实地做事，而且还要深入思考问题，适时将自己的工作予以总结并上升到理论层面。一定要养成多观察、多动笔的习惯，在平时的工作中，随时将所做的工作、感悟、想法记录下来。

当我们工作、学习了一个阶段后，回顾、检查一下前一阶段的情况，看看有哪些成绩、哪些缺点，把经验和教训找出来，以便今后改进，最好将这些总结成书面文字。

总结的应用很广泛，种类也较多：按内容分，有“工作总结”“学习总结”“生产总结”等；按时间分，有“年度总结”“季度总结”“月份总结”“阶段总结”等；按性质分，有“全面总结”“专题总结”等；按范围分，有“单位总结”“个人总结”等。写总结时，有些种类往往是结合起来的，如一个单位年度的全面的工作总结。

总结的内容一般包括以下四个部分：

1．情况概述

简要地交代一下工作或学习的时间、背景、大体过程和成绩、效果等。

2．主要做法、经验和体会

这部分是总结的重点，可以先讲做法，后讲经验、体会；也可以根据内容分成几个问题，一个一个地写，针对每个问题既有做法，又有体会；还可以把工作或学习分成几个阶段，按时间顺序来介绍情况，谈体会。

3．存在的问题和得出的教训

问题要提得准确，以便今后去解决；教训则侧重于今后要注意避免和克服的事。

4．今后的努力方向

努力方向要写明确，对下一步工作或学习的设想、安排意见要提得切实可行。写总结不必刻意遵循固定的格式，以上几个部分也不必一一都写到每篇总结里。有的可以合并，有的可以突出，有的还可以省略，这要根据总结的写作目的和要求来确定，灵活安排。

写总结最要紧的是要提出规律性的东西。如果只罗列几条成绩和缺点，那是不够的。一定要下工夫好好分析一下成绩是怎么得来的，缺点是怎么产生的，根本原因是什么，有哪些基本经验和教训，这样把规律性的东西弄清楚了，才能自觉地发扬长处，克服缺点，使今后的工作或学习更上一层楼。这是写好总结的关键。写总结还要根据实际情况，抓住特点，突出重点。如果不分主次轻重，什么都写，势必什么都说不清楚，使人读了印象模糊。抓住了重点，还得具体地说明重点，不能笼统得毫无主次。

将注意力投入到最重要的事情上

如果你发现每天学习或者工作的精神状态都很兴奋，但是身体却总是在做与主题无关的事情，结果一天结束后，真正要做的事情没有完成，无关紧要的事情却做了很多。那么，你可能是没有掌握到时间管理的精髓，你将每天的时间浪费在一些鸡毛蒜皮的小事上，长此以往，手头要紧的事进度还是停留在原地，而你也会渐渐地对自己失去信心。

想要改掉自己这个不好的行为？很简单，你只需要拿支笔，每晚在一张白纸上写出5件明天最重要的事情。对此你感到很不可思议甚至不屑一顾？没错，这个方法就是这么容易，简单得令人难以置信！但这方法会让你更好地学会怎样去规划自己的生活。

现在开始，花几分钟时间尝试一下这个方法，找出一张白纸，放在自己的面前，心里默默地询问自己："明天最重要的事是什么？其次是什么？"然后将答案写在白纸上即可。等到第二天早上起床的时候，你找到这张白纸，然后看着上面的字开始照做。

这个方法可以为人生流水般的光阴筑起一道墙。每晚选择这5件事时，其实就是为明天作抉择。生活中，很少有人每晚计划明天，通过这个方法，你能够更好地计划明天，掌握明天，成为所有逐梦者中目标最清晰的那一个。选择这5件事，也是有一定技巧的。

1. 修改到只剩下5件事

先列出所有可以想到的事，开始问自己："昨天该做而没做的是什么？"然后再问："哪些事今天应做而未做？"继续问："明天该做的最重要的事是什么？"使用这套方法一个月之后，你会豁然开朗——发现自己在工作时，就在为第二天寻找这5件事，晚上你很快就能列出它们。

2. 排列先后顺序

排列时从最难的事开始，排到最简单的事，如此循序进行，排好后，不要再想明天的事，一切等到明天再说。你会发现自己能更清楚地构想出明天如何有效率地一一完成工作，而不是苦恼于要面对5件难事。现在把这5件事按顺序解决。从第1件开始，尽量避免干扰，若无法避免，要赶快解决，然后回到第1件事，迅速完成，做完以后就从表上划掉，继续做第2件。以此类推，对于工作要坚持圆满完成的态度。如此进行3个星期之后，你会发现比起以前缺乏头绪的做法，现在每天可以多出许多休息时间。遇到比较困难的项目，也许一天你只划掉2件事，甚至1件事而已，但你已把当天最重要的事完成了，而有很多人从来没有完成最重要的事。每天紧扣在这5件事上，绝不会出差错。1个月内你至少做完30件最重要的事，你还会感觉工作混乱吗？

3. 每晚一次

每晚列一张新表，今天没完成的放在明天的第一项。你睡前的目标是选出明天的5件事。

只要决定好、写下来，就是做了很好的准备，你的心会在睡眠时帮你工作。你可有过这种经验？在重要会议的前一晚，你会想着明天开会时，我要"让他们看……，告诉他们……，也许他们会问……，我要回答……"。此刻，这些答案会浮现在脑海里，第二天早上，当你面对客户时，流畅有力的话语竟脱口而出，跟昨晚"预备"的一模一样，让你自己都吓一跳。不必惊讶，这些答案来自你的潜意识，当前一晚躺在床上时，你的意识里已经做好了足够的准备。但是床上并不一定是做心理准备最好的场所，有些人可能喜欢在安静的小房间里思考。你不妨实验，看看哪种方式最适合自己。

4. 广泛运用这种方法

人生的内容不只是工作赚钱，个人生活也是重要范畴，也该被纳入5件事中。记下一些重要的私事，比如孩子的生日、结婚周年纪念日等。你可能有一年忘了它们，这还没关系，但若每年如此，似乎就是你有意要忘掉它们了。记下它们吧，对成功的热切追求，常易使你忽略了身边最重要的人，不要等到自己失去朋友、家人，才恍然大悟。

5. 终止松散的自我意象

很多人有松散的自我意象，不顾条理，常受情绪影响而不照搬计划。所以他们每天漫无目的地工作，不知道从何时开始，就变得毫无效率，日子倏然即逝，却一事无成。为了不变成这样的人，从现在就开始实行严格的自我管理吧，因为你未来的形象，完全取决于你的自我意象。

6. 保证自己做这5件事

没有执行，再好的计划也是空谈。所以，不要敷衍自己，更不要欺骗自己，去实实在在地监督自己吧。

7. 只要30天

按部就班、脚踏实地地去完成每天布置给自己的5件事，30天之后你会发现生活变得更有条理，而你的效率比过去增加了一倍！

8. 立即行动

相信看到这个方法的人中，肯定有人说“看起来挺不错的”，但临睡前就忘得一干二净。拿张纸，马上开始吧！如此持续一个月，你会在自己身上发现可喜的变化。

找到你的“效率高峰期”

凌峰从事IT行业已经6年了，单论技术，绝对是公司里数一数二的，可是他最近却陷入了工作的困扰，倒不是因为公司上级交代下来的任务有多难，而是他总是在工作中不知不觉地走神，有的时候，对着电脑几个小时，脑子里都是在想其他的事情，等回过神来才发现自己的工作几乎没有什么进展，这样的工作效率和工作状态让凌峰感到很苦恼。

不管是互联网从业者还是传统企业工作人员，在每天的工作中都会或多或少地出现走神的情况，虽然很想摆脱这种低迷的工作状态，但却控制不住自己的想法，久而久之，效率越来越低，工作中没有一点感觉，身心也会跟着变得疲惫不堪。

如果生活中的你遇到这种情况，那么可以试试“黄金时间做黄金事”的时间管理原则。所谓黄金时间就是人体能量的高峰期。虽有个体差异，但总的来说，能量高峰时个体的反应力、注意力、思维敏捷性都处于相对的最佳状态。把要处理的事务按轻重缓急排序，最重要的事放在“黄金时间”来做，就更容易提高效率。

因此，首先可以看看你的“黄金时间”在哪个时段，有人是早晨，也有人是晚上。将专注力的高峰期用于做“重要事务”，而非疲于应对鸡毛蒜皮，也能提高专注效果。

那么如何知道自己的“黄金时间”呢？方法其实很简单，凭借你自己的感觉就可以。某些理论把人分成“Moring person（晨型人）”与“Evening person（夜型人）”，晨型人在早上头脑最清醒，充满干劲，而夜型人则可以熬到很晚都不睡，且夜越深精神越活跃。一般来说，我们根据自我感觉就可以确定自己的晨昏之分——但有一点需强调：所谓“感觉”应该是基于工作时的感觉，而不是通宵看电影或者打游戏时的感觉。

然而，如果晨昏两个时段给你的感觉并不明显，你也可以通过下面的方法来找出自己的效率高峰期：在早饭开始前，找一些需要注意力高度集中的事情来做，比如背几个英语单词或者算算数独玩（目的不在于这些事本身，而在于从中发现清晨的时间是否是你的效率高峰期）；提前一个小时到办公室，开始例行工作，或晚一个小时下班；试试在晚上处理邮件或其他事务性工作。如果这些时段中的一个或几个让你感觉心无旁骛，你就算找到自己的效率高峰期规律了，听起来很容易，但难点在于需要你真正去做。

上班族的自由总是有限的，但如果你的公司允许弹性工作制，你也可以跟经理申请把工时整体提前或延后，以便利用大家都不在办公室的那个清静环境，让自己的大脑有充分时间可以“醒过来”。如果你朝九晚五上下班还打卡，也不要觉得“效率高峰期”与你无关，经济危机教会了一些人一个道理：有个副业总是好的。无论这个副业是带来收入的兼职，还是追求进步的充电，你都可以用效率高峰期来实现它——即使你的效率高峰期在朝九晚五之内，那不是还有周末吗，虽然这可能让你感到很辛苦，不过得承认，想要提高工作效率，达到事半功倍，利用好效率高峰期是个捷径。

除此之外，你需要认真找到自己最突出的弱点，才能实施具体的对策。如果你总是在工作的时候浏览各种网页，频繁检查邮件，那么可以尝试处理重要文件时，关掉网络和通讯软件。

曾有研究人员进行过“每月上网20小时”的试验，发现与“无限上网”

的人相比，参与试验的人获取的有用信息量并不受影响，而消磨在网络上的时间却大大缩短。如果你的自控能力较差，可以尝试外部提醒的方式，比如在电脑前或办公桌的醒目位置，贴张字条写着“不要聊天”。

另外，如果注意力分散、做事拖延的原因是情绪问题，比如目标难以完成、任务不合理、对上司不满等，就要先克服情绪问题。可以利用积极想象法：想象任务完成中的各个环节，越具体越好，直到最后成功。这种任务的“可视化处理”会帮助你将注意力转移到当下，脱离情绪的干扰。

有时候，即使我们愿望良好，也无论如何不能将注意力集中起来，这时就要学会暂时放弃。也许适当的运动是不错的选择——爬楼梯、户外行走等，许多白领选择工间健身也是这个道理。通常来说，运动会帮助你放松情绪，补充脑部供氧，从而提升专注力。此外，业余时间里我们还可以利用绘画、刺绣、瑜伽和太极等活动培养专注力，同时培养自我觉察的能力。

当工作90分钟后应适当休息

林云龙开始时是个“休息就是浪费时间”思想的赞同者，在工作中缺乏适当而规律的休息。久而久之，他感到自己心力交瘁，工作效率降低。慢慢地，挫折感也偷偷地找上他，他变得没有耐心，丢三落四，注意力和倾听技巧都退步了，创意力与洞察力也不知不觉地枯竭了。林云龙觉察到这一切，找到心理医生诉说困惑，医生劝他注意适当休息。说来很奇妙，自从他开始保持适当休息后，疲劳的感觉消失了，人也觉得自信了。

许多人在激烈的职场打拼氛围下，认为休息就是浪费时间。他们自有他们认为科学合理的时间表，连午餐时间也在工作，结果一整天很少停下来休息一会儿。

身处竞争激烈的时代，每一个人都有如上紧发条的钟表。但是应该记住的是：弦绷得太紧，会断掉。而注意工作中的调节与休息，不但于自己的健康有益，对事业也是大有好处的。有句谚语说得好：“磨刀不误砍柴功。”不懂得这个道理，拼命工作又不会适当休息的人一定会觉得很累，压力大，情绪不稳定，工作效率也不够高。很多心理学的研究显示：“散置的活动”，例如工作中穿插着的闲暇活动，确能提升工作的品质及效率。如果工作90分钟以上，休息放松10分钟可以为你充电，使你注意力更集中，工作更有效率。只有少数人可以集中注意力达数小时，而不需休息几分钟或更长一点。

事实上，长时间持续不间断地工作，将大大减低工作的效率。一个专注工作整整8小时的人，工作效率往往比每个小时休息10分钟左右的人来得差。因此，我们可以说，这个专注工作整整8小时的人，工作效率必定比工作7小时的人差。虽然每个人的工作频率与能量都不相同，但是不管你自己觉得需不需要，花上几分钟休息一下，对你的身心健康都非常有益。

其实，工作中的休息时间不一定要很长，通常你所需要的仅仅是几分钟，让头脑清醒一下，做几个深呼吸，伸个懒腰。在短短的休息过后，你会更有活力，注意力更集中，创意水平好像也有了进步，可以在工作中表现出更好的一面。职场中，只有懂得休息的人才会懂得工作，暂时的休息是为了以后走更长的路。

就好像在学校上课一样，每堂课上完都会有一段休息时间，而成人的“时间安排”也需要有休息时间。尤其是依靠电脑工作的白领阶级，脑力工作不像体力工作，不会有“身体已经累得动不了”这种明确的疲惫信号，所以往往就会出现长时间的过度工作。不过，如果不休息而让头脑持续工作，就算自己想要努力工作，也会产生注意力不集中、做事效率降低的问题。

研究表明：一般成人的注意力，大概集中90分钟是一个临界点。当然，或许有些人是“连90分钟都无法忍受”，也有的人是“时间再长一点也无所谓”。因此可以根据工作的性质，或是配合每个人的注意力集中的极限，自由确定自己的工作周期。

然而，有一点很重要，就是必须建立“工作一个段落配合休息”的“系统化”。如果能够将工作和休息以同一种格式反复进行，头脑的运作也会习惯这样的周期。就算原先注意力只能集中60分钟的人，在经过“工作90分钟配合休息10分钟”的持续性锻炼，注意力集中的时间也会逐渐增多。再者，一旦习惯这样的工作模式，在休息时间结束后，也不会觉得好像提不起劲回归工作，反而能够立刻集中精神投入下一段的工作。

休息期间你可以试着闭上眼睛，这是平静心情、集中注意力的简单方法；或者打开一首你最喜欢的歌曲，让它赶走你此时的烦躁和沮丧；如果你觉得自己在重压面前要崩溃了，那么赶紧去洗手间把手腕浸泡在冷水中，这个方法能够让你迅速冷静下来，同时放松心情。

合理利用琐碎的时间

我们常会有这样的感受：把工作和生活安排得再怎么井然有序，难免都会有一些预料之外的“时间碎片”，如飞机晚点造成的“无聊时间”。了解“时间碎片”有助于我们更好地去利用它！

首先来认识时间碎片。我们常说“要集中时间去做一件事”，这个集中的时间可称之为“时间块”，两件集中要做的事之间的时间或可称为“时间碎片”，如对餐厅就餐的人来说，他们点完餐后等待上菜的这段时间，可称之为“时间碎片”。

时间碎片本身有很大的特点：短而散。由于时间段较短，看起来并不起眼，就像玻璃碎片一样，很难被利用起来，也就往往被人们毫不在乎地忽略过去。由于时间碎片的短而散的特点，决定了它不可能集中用来做一件“大事”或系统性、主干性的事；但它可以用来修饰大事，为大事添砖加瓦。这时，时间碎片就像面包末，它不足于充饥，但很香，让人充满食欲。有意识地去消磨时间碎片，我们还可以零存整取。

值得注意的是，时间碎片不能去创造也无法消除，时间块才是成事根本。不能因为时间碎片的“香”而忘记了解决温饱问题的是时间块，否则就是舍本求末。集中利用好时间块，有意识地去消磨时间碎片，才会让你的时间管理锦上添花。

那么，时间碎片该如何利用呢？根据时间碎片产生的环境，选择不同的利用方式。每天的工作和生活中，有些时间是连续的，你可以集中于做几件事情。例如：晚上休息，可以连续进行7~8个小时；上班，可以从上午九点至中午休息，连续去做与工作相关的事情。而有些时间是零散的、杂乱的、不连续的，例如：等车期间、搭车过程中、午餐中、散步过程中、做饭时、洗碗时、睡觉前，等等，这些细小的时间，如何利用起来，产生较大的效益？如果你以前从未注意过碎片时间的利用，而对此没什么经验的话，那么不妨试试以下的几种方法，等到熟练后，再结合自己的生活习惯归纳一套适合自己的方法。

1．等人、等车的时候可以浏览网页，刷朋友圈、豆瓣、微博，浏览一些时事、趣事或跟朋友交流一下，也能打发掉等待的烦躁。

2．如果在公交、地铁上的时间超过20分钟以上，建议听书、听单词，不建议看书，影响视力。如若只是10分钟左右，则可以用手机浏览自己需要查阅的信息。

3. 打扫卫生、浇花、洗衣服时，可以听听轻音乐，让做家务的心情也变得愉悦美好。

4. 看电视时，放广告的间隙，可以刷刷微博、朋友圈，也可以做仰卧起坐、俯卧撑、下蹲、眼保健操等，放松一下身体。

在时间管理上我们必须得有自己清晰的脉络，今日事今日毕，但也没必要刻意按照拟定的计划表进行，因为大多数人都很难坚持。也没必要对号入座，纠结于以上场景必须完成什么事情。反正你得在脑海里形成把碎片时间合理利用的观念，这已经是个很大的进步了。

以上只是一些举例，希望能够抛砖引玉，让大家知道如何将这些闲散的时间利用起来，发挥它们最大的效用。

省时开会技巧——站着开会

不知从何时开始，公司大大小小的会议不再是为了解决事情而开，而是相应的日期到了，大家不得不为了遵照公司的章程而开会。会议上几乎都是在陈述一些毫无意义的事情，这种会议除了浪费时间、人力之外，安妮实在是想不出其对于公司的发展能够起到什么效果。

从早上8点开始，安妮就带着文件早早地出现在会议室里，会议一直开到下午，而且像这种规模的会议，每个月至少要开两次，每次会议结束，安妮的状态如同做了十几个小时的飞机那么疲惫。晚上她简单地吃了一些东西便钻进了舒适的被窝，刚想放松一下，可是一想到明天还有一天这样的会议，安妮顿时感觉头疼欲裂……

开会是每个公司必备的“活动”，在多次主持会议之后，每位老板也都渐渐摸到了属于自己的独特的开会风格，或严肃，或诙谐，或开放……但实际上许多会议照样让人昏昏欲睡，浪费许多时间却依旧难以完成预定的议题，效率很低。有研究表明，产生这种现象的主要原因是，当人坐在会议室宽大的椅子上，往往情不自禁地享受其中，大脑比较放松，容易产生惰性，很难集中精力去做一件事，更不会有时间上的紧迫感，这也往往导致很多会议效率低下。

最近，美国的一股例会新风潮值得借鉴，即一群人站在走廊里，没有桌椅，也没有咖啡，取而代之的是一个10分钟的倒计时会议，他们将这种方式称为“裸体会议室”，即一种会议室里没有桌椅，没有手提电脑和手机的会议方式。这种“不舒适”的会议效率极高，使得许多公司争相效仿。

站着开会到底能不能提高效率？其实这个问题早有相关研究人员给出了答案，美国的一项研究表明，站着开会比坐着开会可以节省34%的时间。

而很多实行站着开会的企业的员工也普遍感受开会时间确实短了，一位在外企工作的白领曾在微博中说：“一周一次的公司例会，还是会快一些，原来讲1个小时，现在至少能缩短15分钟。后来还用过两次‘裸体会议室’，在两条腿都站累之前会议就结束了，效率还是挺高的。”

关于“裸体会议室”，很多网友算了这样一笔账：假如一次会议，你接一个两分钟的电话，那么大家都要停下来等你两分钟，这就是浪费了大家的时间。10个人开会，每个人打两分钟电话，等于浪费了20分钟。这样推算的结果其实还是很惊人的。

对于很多公司领导而言，想要彻底告别低效率，开一个有成果的会，那么不妨学习“裸体会议室”的方法，做出一些改变：

1. 环境不要太舒适

开会不要拘泥于形式，休息区、工位空场地或走廊上都可进行，全体最好站立讨论，力求迅速、高效地得出结论和结果。因为在恶劣的条件下，为了尽快结束这种不舒适的状态，大脑的潜能会被激发出来。

2. 会议时间不要太长

开会要直奔议题，拒绝闲谈式会议，尽量15分钟内得出结论，时间最长不超过30分钟。这样能促使参会人员在会前充分准备，提高开会效率。

3. 人少但都要发言

美国苹果公司联合创办人、前行政总裁史蒂夫·乔布斯始终认为，人多并不是好创意的必要条件，他从不会因为把不需要的人赶出会场而感到不安。因此，开会的人数可以控制在10人左右，不能只是领导讲话，要让每个参会人员都发言，鼓励相互提问。

4. 不发表自己意见的人可以退场

首先要“严禁发表不出于自己想法的意见”。具体说来就是禁止用“大概……吧！”“我觉得可能……”“负责人说……”这样的表达方式。

像这样含糊而又不负责的表达，一旦置之不管，就是对发言者的发言（报告、建议）以及在场的所有参与者不负责任的表现。长此以往就有可能使整个公司充满了不负责任的氛围，“大概……吧！”“我觉得可能……”等推测性的话对公司来说简直就是有百害而无一益。所以，如果有人用了5次这种推断性的表达，可以将他强制赶出会议室。

其实公司的会议上，不论是站立还是坐着，灵感本身是没有什么不同的，但是就出现灵感的速度而言，站着的速度能快30%。世界上很多主流公司都在使用这种“裸体会议室”，当然，站着开会仅仅是形式而已，本质的关键点在于提高效率，让会议发挥它应有的价值。

第十一章

专注的魅力：守住心灵的宁静

专注于工作，你的样子最令人着迷

生活中，我们早就知道专注于某一件事更容易增加我们的魅力，让我们看起来与平时不一样，显得更迷人。但是专注其实并不容易，因为如果没有足够的意志力，你的专注会显得简陋，你会很容易浮躁，很容易分心。一个人要想做成一件事，专注是最重要的一种品质，是助人成功的一个重要因素。所谓“专注”，就是心无旁骛，专心致志，不达目的誓不罢休。

你是否曾有过这种感受：当你工作的时候，仿佛只有一半的思维投入到工作上，而另一半则早就不知飞向何处了。再想想，如果此时你的老板刚好从你的身边经过，你觉得老板能注意到你在走神吗?

当你没有全神投入到工作中时，你很有可能目光呆滞，面部反应也会有片刻迟钝。人的大脑用仅仅17毫秒的时间就能理解面部语言，所以人们很有可能察觉到任何略微迟钝的反应。

也许你认为认真与专注都是能装出来的。你以为只要装着专心致志，就可以给大脑放假、开小差，但是你错了。如果在工作中没有完全投入，别人是能够看出来的。我们的肢体语言至少会在潜意识层次中发送明确的信息，对方会读懂也会相应地作出回应。

你说话，别人没有真正在听——你肯定有过这种经历。也许他们只是在“走听的程序”，以免冒犯你，不过怎么看注意力都不在你这儿。你的感受是什么？被忽视，很恼怒，还是感到纯粹的糟糕？

工作之中开小差不但很容易会被发现，而且最重要的是会让你的上司感觉你很不可靠，这带来的情感效应更是糟糕。当上司认为你缺乏诚意时，就谈不上什么信任或欣赏了，换句话说，在对方眼里，你也就没有什么魅力可言了。

专注是可以学会的能力，就像弹吉他和画素描一样，这项能力也能通过耐心练习来提高。专注的意思就是在每一刻都对周围发生的事保持清楚的意识。这意味着你必须做到不被自己的思维缠绕，并且时刻注意着正在发生的事情。

如果你找不到任何能够让你专注起来的方法，那么请试试下面的练习，以此提高你在工作中的专注力。这个方法很简单，你只需要找一个相对安静的地方闭上眼睛一分钟，就可以完成这项练习。

定时一分钟，闭上眼睛，从下述三项中任选一项观察来帮助自己集中注意力：周围的声音、你的呼吸或脚趾的感觉。

声音：从四周搜索声音。如一位冥想老师所说：“想象你的耳朵是卫星接收仪，被动、客观地记录着所有的信号。”

呼吸：把注意力集中在每一次呼吸，注意鼻孔或胃在呼吸时的感觉。想象着你要把所有注意力给予你的呼吸。

脚趾：把注意力集中在脚趾的感觉上。这会促使你的大脑对全身进行扫描，以助你感受到每一个时刻。

进展如何？你是否发现当你试图专注时，思维却总想四处游走？你现在发现了，想要完全专注并不是那么容易的事。这里有两个原因。

首先，我们的大脑习惯被新鲜事物刺激，不论是画面、气味还是声音。我们生来就倾向于分散注意力，使自己被任何新的刺激所吸引。

其次，我们的社会怂恿着注意力被分散。我们持续收到不断变化的刺激与信号，使我们更加难以专注。这终将导致持续性的“局部注意力”——我们将无法专注于一件事上，注意力总处在涣散的状态。

所以，如果你总觉得自己无法专注，别太怪罪自己——这纯属正常现象。专注对于我们每个人来说都是一项艰巨的任务。哈佛大学心理学家丹尼尔·吉尔伯特与他人合作的实验显示，参加实验的2250人平均在将近一半的时间里思想都是在游移状态的，就连冥想大师有时也无法在打坐时全神贯注。

好在任何微小的专注力提升都会给周围的人带来显著的影响。因为只有极少数人有专注能力，所以如果你能时不时地做到全心投入与专注，那么这就已经能带来莫大的影响力了。

下次当你在与人对话时，试着时常检查自己的思维是全神贯注还是在四处游移（包括准备你要说的下一句话），并尽量时常把自己带回到当下——你可以用一秒钟的时间聚焦于呼吸或脚趾，然后把全部注意力拉回到对方身上。

如果你在上面的一分钟练习里表现不佳也不必气馁。其实仅仅练习专注就已经能给你的魅力加分了，因为你已经有了一个意识的转换，知道专注的重要性以及缺乏专注能力的危害，你已经领先别人一步了。即便你停在此处不再读下去，也已经有所收获了。

你在日常生活中都能对此进行实际应用。假设老板突然走进你的办公室咨询你的意见，但马上就下班了，而在公司门口，你心仪的人安静地站在那里等待着你，你担心与老板的交谈将占用过多的时间。

如果这时的你一边听他说话一边不停地想着时间是否不够用，你将感觉急躁不安也无法聚精会神，你会给人留下焦躁、不专心的印象。你的老板会得出结论：你不关心他或他的事，以至于你无法真正去倾听。

反之，如果你运用上面那个方法，用一秒钟聚焦于呼吸或脚趾，这马上能使你定神。继而得到的全神贯注会从你的眼睛和面容上流露出来，对方也能看得到。仅仅给予对方瞬间的专注，他们就会觉得被尊重、被聆听。当你专注时，你的肢体语言会反映出更强的魅力。

魅力与你投入的时间无关，而与你每次交流时的专注程度有关。专注的能力能使你从众人中脱颖而出，给人留下深刻的印象。当你专注时，仅仅五分钟的对话都能起到震撼的效果，同时也能促进情感交流。与你对话的人能感受到他们得到了你所有的注意力，会觉得在这一时刻里他们是你最重要的人。

专注地爱一个人，你会发现结果更好

凌晨两点，唐琳琳躺在柔软的席梦思上翻来覆去睡不着，满脑子想的都是那些痛苦的过去。27岁的唐琳琳谈过两次恋爱，第一次恋爱是在大学期间，他是一个很优秀的男孩子，但是毕业后两个人留在了不同的城市，只好忍受相思之苦。

工作后，唐琳琳的一个男同事对她展开了猛烈的攻势，唐琳琳最初总是躲着他，也曾经一度产生了想要辞职另换工作的打算。不过，寂寞孤单的唐琳琳渐渐开始依赖他的陪伴，也记不清怎么就接受了他的追求。

唐琳琳和自己的大学男友提出了分手，和现在的他在一起时间久了，却总是怀念和前男友在一起的默契。为此，唐琳琳在生活中渐渐变得忧郁。

没过多久，唐琳琳的这段恋情也走到了尽头。分手那天，唐琳琳已经编辑好了短信，打算发送给大学时的男友，但是迟疑了很久，最终还是没有按下“发送”键，因为她清楚地知道，自己无法再像以前那样去面对他。

你是否在深夜失眠？脑海中回忆着曾经难以割舍的往事，当初你明明深爱着某个人，可是最后不得已还是放弃了，无论是由于周遭的诱惑，还是自己渐渐失去了爱的勇气。你放弃了，实际上是因为你始终想着未来的不可知，所以给了自己逃避现实的借口，你选择了对你而言看似更有利的方向，结果走了很远后，又开始怀疑自己当初的选择是否正确，想了很久，本来想要挽回最初的感情，却发现很多事情早已物是人非。明明被那段回忆触痛了，却还是要在外人面前拼命装出不爱，认为以后会找到属于自己的美好，可未来是否能幸福其实自己根本不知道。

想一想你现实中的那些朋友们，真正能够把事情做好的，一定是那些内心专注的人。只专心做一件事，心无旁骛，这是一种怎样的境界？做事就是这样，你认真地对待一件事就好，同时做几件事，不光会让人变得疲惫不堪，往往每件事情都无法取得满意的结果，长此以往，等到你碌碌无为大半生之后才会悔不当初。很多东西都是只有失去才懂得珍惜，失去了朋友可以再去找回，失去了时间，它将一去不复返。

爱情也是这样。巴菲特曾说："专情比多情幸福一万倍。"如果你爱上一个人，就要专注地去爱，千万不要三心二意地对待。很多时候，爱情就像一面镜子，你在爱情面前怎样地展现，镜子里折射出来的也是如此，所以不要欺骗爱情。真爱面前，你要把对方融入到自己内心的最深处才是真实的表露。真爱是两个人心与心的对接，你开心，他也会跟着你一起开心；你忧愁，他也会陪在你身边安静地不说话；你痛苦，他则会在你看不到的地方为你默默流下眼泪！

不得不说，爱情是世界上最美丽的情感之一，正是因为爱情，我们的生活才会如此的美好。有多少夫妻相濡以沫，互相搀扶着走完一生，彼此不离不弃，相依相伴一辈子！他们从来没有花边新闻，习惯着平淡如水的家庭生活。在他们的眼里，爱情就是一生只爱一个人，没有更多的人可以来打扰；在他们的爱情世界里，没有出轨和不忠。这样的爱情虽然平凡，却无比的真实和可靠。

或许现代社会有不少人不相信有真正的爱情，其实那是因为他们没有得到真正的爱情，或者没有去努力寻找真正的爱情。如果你想寻找爱情，那就努力地去找吧。不过首先你要相信这世界上有纯真的爱情，然后真诚、努力地去爱一个人，给他幸福！在找到我们最爱的人之前，可能会遇到许多过客，这个过程中我们不断地寻找，直到最后找到合适的，然后一直专一下去。所以，请相信爱情，因为爱情不会亏待一个专注而虔诚的人。

专注于提升自己，你将遇见最美的自己

有时，人生就像一场舞会，教会你最初舞步的人未必能陪你一起走到散场。对于那些丢失了“舞伴”的人而言，不要一直沉溺在过去来治愈现在的伤口，而是应该更好地活在当下，等待遇见最美的自己。

在人生的舞池之中，我们只有不断加强自己的能力，才有可能遇到更好的自己。每个人人际交往的层面多是由自身的素质决定的，如果你从来不读书，那么结交的自然大部分是肤浅和物质的人，聊的无非也就是鸡毛蒜皮，哪怕遇到更好的人，也会被你的无知吓跑。现在的你是怎样的人，也就几乎决定了你将来会有怎样的朋友，也决定了你会有怎样的爱人。

逆水行舟，不进则退。如果你希望在职场待遇或自身修养上得到提升，那么需要勇敢地做出一些新的改变，永远停留在心灵的舒适区是难以成长的。

1. 有空的时候多阅读

书是智慧的源泉。你读的书越多，你就会变得越有智慧。如果你一时没有合适的书目，不妨读读世界名著，如《飘》《简爱》《基督山伯爵》等，都可以帮助你增长知识与阅历。

2. 学习一门新的语言

学习一门新的语言是一项挑战，你可以通过学习语言来了解不同国家的

文化背景，丰富自己的知识。

3．打造你的灵感空间

生活环境会影响你的情绪，如果你生活在一个充满灵感的环境中，你每天都会富有创造力和激情。如果你的房间还是一团糟的话，是时候改造它了。从小事做起，先从整理你的桌面开始吧。

4．战胜你的恐惧

不得不说的是，每个人都有害怕的东西：害怕在众人面前演讲；害怕冒险；害怕鬼怪；甚至是害怕毛毛虫。你也有害怕的东西吧？为什么不花时间去战胜你的恐惧呢？这会帮助你成长的。

5．升级你的技能

通过增加专业能力和经验，你会变得更加强大，更加有竞争力。我们的生活就好似一场真实的角色扮演游戏，只不过你不能任意存档或者读档。如果将你的生活看做是一处战场，你会为自己升级哪些技能呢？

6．给10年后的自己写一封信

10年后的自己会是什么样呢？你可以写一封信给10年后的自己，我想你一定有很多话要说，比如告诉自己要好好学习，珍惜时间，不要做毫无意义的事情，或是珍惜身边的朋友、亲人……好吧，既然这样，为什么不从现在开始珍惜生活呢？要知道，现在走的每一步都是在为10年后的自己打基础。未来的自己应该不仅仅是年龄有所增长，思想与心灵也应该更加成熟。

7．承认自己的缺点

每个人都有缺点，但重点是了解它们、承认它们，并且重视它们。你的缺点是什么呢？不用告诉任何人，而是用自己的行动去改掉吧！

8．立即行动

很多事情应该去做，而不是去想，去犹豫。立即行动的习惯是每个人都应该努力培养的，这会给你的生活带来巨大的改变。

9．减少花在社交软件上的时间

你是否养成了一个非常不好的习惯，那就是每次打开电脑第一件事就是挂上QQ，当你挂着QQ的时候，你会不时地收到聊天信息，打断你正在进行的工作。每当你停下手头工作去查看QQ消息的时候，你的时间被浪费了，如果没什么事就告诉自己尽量不要开QQ，同理，微信、微博也是一样。

10．赠人玫瑰手有余香

对世界和他人要时刻怀着善意，乐于付出，去帮助别人。事实上，我们很多人并不能够做到这一点。我们看到别人的缺点，总是想以一个长者的身份教育别人，殊不知每个人都有自己的生活，你不能将你的意志强加于别人身上。试着尊重他人的想法与生活习惯，更多地帮助他们，你会发现与人相处好其实很简单。

11．好好休息

个人提升不是一朝一夕就能完成的，它需要我们持之以恒的努力与勤奋。当我们看书累了的时候，要懂得休息，听听轻音乐，舒缓心情，散散步，亲近大自然。只有休息好了，我们才能更好地前行。

也许这个过程中会遇到很多困难，但是只要不言放弃，终究会看到曙光。多年后的你会明白当你成功的那一刻，过程不再重要，所有的努力都值得！只有不断地努力，才能遇见更好的自己。

专注于平凡生活，你会发现更多精彩

两年前，李梦琪与男友的爱情终于在亲朋好友的见证下修成正果，七年多的爱情长跑让两个人无比坚信结婚是件水到渠成的事情，事实证明，这两年的婚姻生活不仅没有让他们的感情变淡，反而更加甜蜜。

从相识之初，两个人就没有去过酒吧，没有开过party，甚至连同学聚会都很少参加，有的只是平淡得不能再平淡的家居生活，两个人结婚之后，一到假期梦琪的丈夫就会宅在家里打游戏，而梦琪则会去市场买一些蔬菜，然后对着菜谱研究新的菜式，时光就是在这样平淡的生活中偷偷溜走。两个人偶尔也会觉得没劲，但是双方却坚信这是生活最本质的面目，就这样，两个人在回忆中竟然发现，这两年间，他们不仅很少吵架，而且也更依赖对方了。虽然生活偶尔还是表现出某种平淡，不过两个人似乎早就已经习惯了这种日子，习惯了平淡之中的幸福。

生活中，大多数人辛劳地奔跑在从现实通向梦想的路上。而他们中的大多数可能并没到达成功的终点，最终写就的只是平凡的人生。但也许有好多人终其一生也不会明白，其实生命的魅力就在于这奔跑的过程之中。我们享受平凡，就是在享受着生命的无限精彩。

现实中的我们大都是平凡人，但殊不知平凡中也会显现出伟大。苏格拉底曾说："每个人身上都有太阳，只是要让它发出光来。"工作是人生中不可或缺的一部分，是谋生的手段，也是寻找快乐的窗口。平凡的人无论处于怎样平凡的工作岗位，手里做着平凡得不能再平凡的小事，都会怀揣责任，全身心投入，把工作做好。

人生不是完美的。很多时候，我们不是生活的宠儿，我们被动地只能选择平凡，之后慢慢去学会接受无法改变的命运，让惆怅变为坚强。很多时候，我们又有许多选择，比如笑或者哭，快乐或者忧伤，乐观或者悲观，所以即使面临挫折与磨难，我们依然可以勇敢豁达地去寻找自身价值，寻找属于自己的人生轨迹。

我们周围有很多平凡的人。他们既普通又真实，既热情又直率，既踏实又勤奋，早已把平凡当成一种享受，不计名利得失，成为精神上的富有者。身处其中，你会时时感受到他们积极乐观的心态、细腻热忱的情感、坚韧不拔的耐力。因为他们深深懂得，快乐就在对生活的专注中，就在平凡的生活里，他们相信在平凡的事情中也能做出不平凡的成绩来。

我们可以平凡，但绝不能平庸。平凡的人安于平凡的生活，却在做着不平凡的努力。平凡的人以平常心待人，懂得收敛自己身上的锋芒，知道自己做人的良知和责任；而平庸的人则消极处世，他们不安于平凡，却因为放弃努力，永远是这个世界上一无所有的看客。我们不会拒绝平凡，但一定要远离平庸，选择独特。每个人都应该把自己看成是一名杰出的艺术家，而不是一个平庸的工匠，应该永远带着一颗平常心去生活和工作。也只有这样，你才有从平凡走向卓越的可能。

柏拉图说："征服自己是最大的胜利。积累平凡，就是积累卓越。"让我们首先战胜自己，在平凡的生活中实现自己不平凡的人生价值。

用心感受生活，就是要时刻保持着对新生活的美好憧憬，怀着一颗真诚的感恩之心去生活，你就会收获到意料不到的惊喜。小小的幸福就像冬日里的阳光，虽然微弱，却一样暖人心田，那余留在心中久久不散的芳香，那品尝万遍仍然不去的甜蜜，这就是幸福的味道。

幸福并不是等待就有的，幸福还需要创造。幸福是甜美的甘露，可以滋润我们干裂的双唇。幸福是人在不同的环境里的一种感动，它能在寒冷的冬夜穿透风雪，去温暖你的心房。生活中，不论是苦难还是幸运，不论是烦恼还是快乐，我们都无法回避。生活需要我们用心灵去感受，幸福需要我们用心去品尝。通过品尝，你会发现生活中有那么多温馨、唯美、浪漫的画面值得我们用心去珍藏。通过品尝，你会发现每一天的阳光都是灿烂的，每一秒的时光都是新鲜的，每一个话题都是奇妙的。幸福的感觉就藏在你的心头。

其实，在生活中，小小的幸福无处不在，生意伙伴投来的一个赞许的目光，电话里伴侣的一声温柔的问候……所有的这一切虽平淡无奇，但只要你用心感受了，便会体味到那份淡淡的惊喜。用心感受生活，就要品尝生活的原汁原味，就要接受生活的所有赏赐。

专注于等待，你的耐心是最美的

虽然这是个效率至上的时代，但是有趣的是，我们总能看到各种延误事件："火车怎么又晚点了！""这都10多分钟了，车怎么不动地方啊？""服务员，我点的菜怎么还不上？能不能帮我催催？"火车晚点之后，旅客抑制不住自己的情绪了；公交车被堵在拥挤的道路上，上班族就着急地开始跺脚了；餐馆上菜慢，食客们就开始火山爆发了。即使平常温文尔雅的人，等得不耐烦了，也会像小孩一样失去耐心。

憎恶等待，是人之常情，因为等待本身不仅是一个非常枯燥无聊的过程，还意味着时间流失、经济损失。不过只要在等待过程中给自己找些事情做，转移一下注意力，还是能有效缓解内心的烦躁情绪的。

在等待的时候，要让自己有事可干，或者分散注意力，这样你就会觉得时间过得快。心理学中有一句名言："你之所以烦躁是因为你还有时间烦躁。""等待的烦躁"会使我们倍感时间的停滞，这种时间错觉会进一步加重我们的不耐烦。这时候最好给自己找点事儿做，比如看看书、读读报纸、听听音乐、玩玩游戏或者是看看周围风景。现在国内不少城市的公交站、飞机场、火车站都有报亭，如果你闲得无聊，不妨拿上几本书边看边等。

除了因为航班延误、火车晚点这样的事件而被迫等待以外，生活中我们还会面临很多"长期"等待，比如等考试成绩、等录取通知书、等证件办理甚至等待某人主动联系你，这时候，不妨放松心情，该做什么就做什么，必要时找人聊聊天、出去走走。总之，不要老是想着你要等的事情。

不要急着让生活给予你所有的答案，有时候，你要拿出耐心等等。即使你向空谷喊话，也要等一会儿，才会听见绵长的回音。也就是说，生活总会给你答案的，但不会马上把一切都告诉你。只要你肯等一等，生活的美好，总在你不经意的时候盛装莅临。

培根说："耐心是高尚的秉性，坚忍是伟大的气质。无论何人，若是失去耐心，便失去了灵魂。"可见，耐心对每一个人来说都是非常重要的。人要有耐心去仔细观察和冷静思考，要坚持到最后一刻，去得到你想要的东西，或者等到理想的结果。

生活中常常需要等待，缺乏耐心的等待是一种折磨，在旅行中，我们经常会在拥挤的车厢里听到孩子的啼哭声，开始的时候孩子的父母都是轻轻地哄着，但发现哄了一会儿没有效果时，他们就会失去耐心严厉斥责，这样反而会让孩子哭得更加大声。一时间，全车充满了响亮的啼哭声，直到孩子哭累了，乘客才能有个安静的环境。对于家长来说，孩子在公共环境哭闹是一件麻烦的事情。如果孩子只哭一会儿还好说，如果孩子哭闹不休，你必须接受各方投来的不满的眼光。事实上，这时候需要对孩子耐心地劝说，并且温柔地抚慰，他才会放松和逐渐安静下来。

生活中难免会有低谷，这需要我们花费大量的耐心。急躁的情绪根本无助于解决任何问题，只会使问题更加严重。面对低谷，最重要的是要有耐心。如果你没有耐心，不能冷静下来去寻找失败的原因，没有信心和勇气走出低迷的状态，就无法做好充分准备，去迎接成功了。度过低潮只有靠自己去找到重新振作的方式，这个寻找的过程中得有充足的耐性支撑自己坚持下去，不轻易放弃。

人生是一场马拉松式的长跑，谁也不可能永远处于发力冲刺的状态，高潮期和低潮期必然是交替出现的，焦虑迷茫的时候，不妨问问自己下面几个问题。

1. “我想要什么？”

成功的标准是多元化的，成功者不限于名人和富人。问问自己：“我真正想要的是什么？我为什么不可以慢一点儿？”不要太贪心，不能什么都想要。这样想或许能让你豁然开朗。

2. “我是不是很没耐心？”

对任何企业的任何职位，不经过一段时间的观察和实践很难做到真正了解，遇到挫折或者感到迷茫时，多些理性思考，多些耐心。更重要的是，如果你因为在寻找新机会而焦躁忙乱，导致对当下的工作无法尽心对待，那么两头没着落的最糟糕状态往往很有可能出现。

拥挤的城市、烦躁的人生，不是在这里排着，就是在那里堵着，“排队”“等待”对于我们，是既司空见惯又烦恼不已的事。但是，所有的一切都会过去的，专注于等待的人，生活总会交出一份让你满意的答卷。

第十二章

专注的训练：排除外界的一切干扰

找到分散你注意力的祸首

周铭最近都是一副闷闷不乐的模样，因为他前几天在公司的一个很重要的会议上走神，以至于没有听到老板对自己的提问，这不仅让老板折了面子，而且在那么多同事面前自己也感到很尴尬。会议结束后，老板没有责怪周铭，而是问他是不是最近生活上遇到了什么困难，老板关心的语气让周铭稍稍安了心，本来周铭想着能够通过这次谈话扫去会议上老板的不快，可是令周铭郁闷的是，与老板聊着聊着自己的注意力又不知道跑到哪去了。最后走出会议室的时候，周铭脑子里一片空白，自己该说的话也没说，直到回到自己的工位才回过神来。这让周铭对自己的频频失态郁闷不已。

在工作中，你是不是经常有这样的感觉——会因为弹窗里出现的新闻、突然接到的电话分散注意力，将自己手中本应做的事情忘得一干二净，甚至有时因为注意力难以集中耽误了你的工作。如果你总是浪费时间却没有意识到，不带手机就感觉心神不宁，在家学习或上班时总是偷偷上网，或者依赖虚拟世界来减轻现实中的压力，那么你可能真的遇到了问题。解决问题的办法就是关掉电子设备，用真实的人际交流来取而代之。

刚开始，你要计算自己在电脑或其他电子设备上所花的时间，然后确定哪些时间可以砍掉。试着在每天一开始和要结束的时候，给自己留一些使用电子设备的时间，其他时间全都关闭。在感觉无聊的时候，列出一个需要完成的事项清单，这样你就没有时间去找电子设备解闷，从而慢慢戒掉上网或玩游戏来打发时间的坏习惯。

在工作中，人们总是觉得自己在同时做好几件事情。其实不然，他们实际上是在几件事情上来回跳跃。计算机也可以同时处理几个任务，只是它的速度更快。做好几件事或许意味着工作效率高、享受生活、实现梦想，以及满足参与其中的愿望。但如果走到极端，它会让你精神疲惫，对每个人的期望都过于看重。如果你无法给予必要的关注，要学着优雅地说“不”。要知道，当你正在做的事情无需集中精力时，你才可以再做另一件事，如若不然，不要接手。

另外，你总是瞒着家人过分担忧，例如担忧自己不能进步、事情会搞砸，这种感觉很痛苦。辛勤工作、相互竞争、自我保护，这些都使你无法放松自己，心神不宁，感受到压力，甚至胡思乱想。如果你正面对这些，那么可以向亲近的人倾诉自己的精神负担，使自己感觉不再孤单。

保持良好的注意力，是大脑进行感知、记忆、思维等活动的基本条件。在我们的工作和学习过程中，注意力是打开我们心灵的门户，而且是唯一的门户。正常情况下，注意力使我们的心理活动朝向某一事物，有选择地接受某些信息，而抑制其他事物和其他信息的打扰，并集中全部的心理能量用于所指向的事物。因而，良好的注意力会提高我们工作与学习的效率。注意力障碍，主要表现为无法将心理活动指向某一具体事物，或无法将全部精力集中到这一事物上来，同时无法抑制对无关事物的注意。造成这种情况的原因比较复杂，许多较严重的心理障碍都可以引起注意力障碍。因此，当你因注意力无法集中而影响学习、工作，倍感苦恼时，不妨采用以下方法来矫治：

1. 养成良好的睡眠习惯

一些职场白领因工作负担重，因此，一到晚上便贪黑熬夜，有的人在家中工作到后半夜，结果早晨不能按时起床，即便勉强起来，头脑也是昏沉沉的，一整天都打不起精神，甚至在公司里伏桌睡觉。主要的工作任务要在白天完成，白天无精打采，必然效率低下。只有按时睡觉按时起床，养足精神，才能提高白天的工作效率。

2．学会自我减压

有些企业的工作任务本来就很重，没房、没车的现实，又令员工们深感压力；一些员工将自己的前途看得过重，无异是自己给自己加压，必然不堪重负，变得疲惫、紧张和烦躁，心理上难得片刻宁静。因此，职场员工要学会自我减压。一分努力，一分收获，只要我们工作付出了，尽力了，必然会有好的回报，又何必让忧虑占据心头，去自寻烦恼呢？

3．做些放松训练

舒适地坐在椅子上或躺在床上，然后向身体的各部位传递休息的信息。先从左脚开始，使脚部肌肉绷紧，然后松驰，同时暗示它休息，随后命令小腿、膝盖、大腿，一直到躯干部、颈部、头部、脸部全部放松。这种放松训练的技巧，需要反复练习才能较好地掌握，而一旦你掌握了这种训练技巧，会使你在短短的几分钟内，达到轻松、平静的状态。

学会控制自己的思想

曹俊大学毕业后去了上海打拼，成功进入一家外企，公司给他分了一个临时的公寓。由于这边没有同学，他下班后一个人回到公寓，总感觉屋子里空空的，这让他无比怀念大学的时光。

本来这种追忆对于一个刚刚毕业不久的人来说是美好的，可是后来曹俊不知道为什么越来越控制不住自己的想法。他觉得领导对他很苛刻，同事也在刁难他，他开始想一些不好的事情和画面，他知道这都是自己在乱想，但是无法控制。这让他变得情绪低落，夜里常常从噩梦中惊醒。

人们在生活中有时会遇到恶意的指控、陷害，经常会遇到种种不如意。有的人会因此大动肝火，结果把事情搞得越来越糟，而有的人则能很好地控制住自己的思想和情绪，泰然自若地面对各种刁难和不如意，在生活中立于不败之地。

生活中，不管什么时候，只要脑子里出现泄气的想法，我们就应该采取一些措施。只有你自己才能够控制你的头脑。要用“情绪吸尘器”把它们赶走，留出地方来装即将到来的快乐和成功！

每个人都兼具理性与感性，对大小琐事都想用理智作衡量是不可能的，而且大部分的行为都是以感情为出发点，这是人性真实的一面。

往往因为旁人的一句话，便耿耿于怀，动辄勃然大怒，血管膨胀，血液充满脑部，根本无法自我控制。等到情绪过后，才来懊悔当初，这是一般人的通病。

大多数人也都有过受累于消极情绪的经历，似乎烦恼、压抑、失落甚至痛苦总是接二连三地袭来，于是频频抱怨生活对自己不公平，企盼某一天欢乐从此降临。其实喜怒哀乐是人之常情，想让自己生活中不出现一点烦心之事几乎是不可能的，关键是如何有效地调整、控制自己的情绪，做生活的主人，做思想的主人。

许多人都懂得要做思想的主人这个道理，但遇到具体问题时就总是知难而退："控制思想实在是太难了。"言下之意就是："我是无法控制思想的。"别小看这些自我否定的话，这是一种严重的不良暗示，它真的可以毁灭你的意志，让你丧失战胜自我的决心。还有的人习惯于抱怨生活："没有人比我更倒霉了，生活对我太不公平。"抱怨声中他得到了片刻的安慰和解脱——"这个问题怪生活而不怪我。"结果却因小失大，让自己无形中忽略了主宰生活的职责。所以从现在开始，我们就要改变对身处逆境的态度，用开放性的语气对自己坚定地说："我一定能走出思想的低谷，现在就让我来试一试！"这样你的自主性就会被启动，沿着它走下去就会来到一片崭新的天地，你会成为自己思想的主人。

在改变的过程中，输入自我控制的意识是开始驾驭情绪的关键一步。曾经有个运动员，不会控制自己的情绪，常常在训练中和队友争吵。教练当着众人的面批评他没有涵养，他还不服气，甚至和教练争执。教练没有动怒，而是耐心地和他讲着道理，并列举了现实里大量的例子。那名运动员嘴上没说，却早已心悦诚服。从此他有了自我控制的意识，经常提醒自己主动调整情绪，自觉注意自己的言行。不知不觉中他成了更成熟稳重的人，和之前争吵过的队友后来都成了好哥们儿。

其实调整、控制情绪并没有你想象的那么难，只要掌握一些正确的方法，就可以很好地驾驭自己。你可以先学一下"情绪转移法"，即暂时避开不良刺激，把注意力、精力和兴趣投入到另一项活动中去，以减轻不良情绪对自己的冲击。

健康有益的活动很多，你最好还是根据自己的兴趣爱好以及外界事物对你的吸引力来选择，如各种体育活动、与亲朋好友倾谈、阅读、研究琴棋书画等都是不错的选择。总之将情绪转移到这些事情上来，尽量避免不良情绪的强烈撞击，减少心理创伤，也有利于情绪的稳定。

情绪的转移关键是要主动及时，不要让自己在消极情绪中沉溺太久，立刻行动起来，你会发现自己完全可以战胜情绪，也唯有你可以担此重任。

或者，你可以选择更有效、更简单的方法：每天早晨跑步一公里。大多数人对于早上在床上的每一分钟都非常珍惜，特别是冬天赖在被窝里简直是跟起床做着激烈的思想斗争。如果你可以用长跑替换掉赖床的习惯，那么恭喜你，你已经驾驭了自己的惰性。对于这份坚韧的自制，马克·吐温曾说：“关键在于每天去做一点自己心里并不愿意做的事情，这样，你便不会为那些真正需要你完成的义务而感到痛苦，这就是养成自觉习惯的黄金定律。”只要你坚持，随着身体状况的慢慢变好，跑步逐渐变得轻松起来，尽管早起仍然有点儿困难，有点儿费劲，但似乎可以克服。一切都变得越来越容易，越来越自然，到最后晨跑成了一个习惯，成了日常行为的一部分，不用强迫自己，也能欣然行动了。加入晨跑的队伍吧，它会使你的自律能力和意志力都得到锻炼和提高。

专注冥想练习

生活中，你是否总会为一点小事分心，很难集中注意力，或者即使集中了也很快就会走神？你是否在工作中提不起精神，不时地打哈欠、犯困，而休息时又生龙活虎、精力充沛？你是否总是同时处理多项任务，在没有完成的情况下，又急着抓起另一项？

良好的注意力是我们最有利的武器，无论在工作、学习还是生活中，都能让你事半功倍，精力和时间都得以节省。

只是如今，我们都渐渐忘记该如何使用注意力了，当你发现自己的工作和生活由于注意力的缺失而变得一团糟时，不妨试试“冥想”。说到“冥想”，很多人都不会对此陌生，冥想是个很潮的概念，全球很多名人都爱上了冥想，甚至《时代》杂志也对它推崇备至。

冥想本是中国古代道家养身气功以及佛家修禅的功法。然而近年来，研究发现，冥想能让人达到身体放松和警觉性敏锐相结合的状态，是一种使身心放松的最好途径。

冥想强调在精神压力减缓和注意力集中的前提下进行深长而缓慢的呼吸。因为在正常情况下，吸气和呼气分别受交感神经和副交感神经的指挥，前者使人紧张，后者使人放松。交感和副交感神经的作用相反，却平衡和谐。而当人处于焦虑或紧张状态时，进行慢而深的呼吸，特别是呼气要比吸气慢，就可以通过副交感神经的放松作用减轻焦虑和紧张的程度。

冥想时，人们静静地坐着，将注意力集中于自己的呼吸。随着空气从鼻孔中出入，人们沉浸在自我感觉中，任凭思绪涌入脑海，又轻轻将其拂去，呼吸，拂去。研究发现，这样训练冥想三个月，大脑分配注意力的能力将得到大大提高。很多办公室白领一到下午就头晕脑胀，中午冥想几分钟有助于恢复注意力。

真正的冥想并不需要特定的功法，以下几点提示有助于更好地进入冥想状态。

1．静静地以一个舒服的姿势坐着，并闭上眼睛，完全放松全身的肌肉，从脚逐渐到脸，使它们保持放松。

2．用鼻子呼吸，感受每一次吸气和呼气，但不要刻意做深呼吸。在你呼气的同时，默念“一”。轻松自然地呼吸，持续10~20分钟。

3．当你的思绪不可避免地游离时，慢慢将你的注意力拉回到呼吸和重复“一”上。

冥想，是瑜伽中最珍贵的一项技法，是实现入定的途径。一切真实的瑜伽冥想术的最终目的都在于把人引导到解脱的境界。一名习瑜伽者通过瑜伽冥想来制服心灵，并超脱物质欲念，感受到和原始动因直接沟通。瑜伽冥想的真义是把心、意、灵完全专注在原始之初。

而随着科学的发展，西方对冥想体系进行了进一步的挖掘，使其告别过去晦涩神化的背景，希望通过简单的练习，帮助人们告别负面情绪，重新掌控生活。如果你已经很轻松地掌握了上面介绍的冥想入门，想要提升自己在冥想方面的技术，那么你可以尝试一下下面的“专注冥想法”。

1．摆个舒服的姿势，让自己既能放松，也能保持机敏。闭上眼睛，也可以睁开，盯着你面前半米之外的地面。

2．试着回想某个特别专注的人，想象如果自己是TA会是什么感觉。这个人可以是你熟知的一个人，也可以是历史上比较知名的一个人，比如佛陀。感受冥想带来的各种好处把你深深包围，让你沉浸其中，滋养你、帮助你，温柔地把你的意识拉向一个更加健康的方向。

3．好了，在下面5分钟左右的时间里，体验每一次呼吸，从开始到结束，都细细体验。想象你的意识中有一个小小的守护天使，它紧紧守护着你的注意力，一旦你开始走神它就会立刻提醒你。把你的全部注意力都投入到观察每次呼吸上，其他的统统抛开。忘记过去，忘记未来，所有的一切只剩下现在的每一次呼吸。

4．现在你的意识已经非常安静了，注意力已经被集中在一个特定的目标上了，比如，可能是集中到了你上嘴唇对呼吸的感觉上。此时，你要重点体察每次呼吸之间的不同之处，这能让你对呼吸本身更加专注。

冥想并不需要逃到山上，在安静的地方花上几分钟就可以受益。找一个舒适、安静的地方，专注于你的呼吸，你会觉得所有的焦虑都开始消失。

积极的自我暗示

清晨的微风透过纱窗轻轻地从人们的耳畔吹过，给炎热的夏天带来一丝凉意。可是办公桌前的丁怡却傻傻地坐在那里，完全没有感受到外界的变化。丁怡在这家物流公司已经工作了快三年了，三年来她勤勤恳恳地工作，很受老板重视，本来老板过段时间打算升她做部门主管，私底下也和她进行了沟通，可是丁怡的反应却让老板感到十分意外。丁怡非但没有欣喜的表情，反而委婉地拒绝道："我坐那个位子恐怕不行，您看是不是应该换一个更有经验的人？"其实丁怡的工作态度和工作能力在公司里绝对是数一数二的，她这样推辞，完全是对自己没有信心。老板看出了她的心思，只好说："这件事以后再说吧，就这样。"不自信的心理，使丁怡错过了一次绝佳的升职机会。

生活中有相当一部分人，他们的期望是一生平平淡淡。可能他们的人生信条就是："差不多就行啦。""随遇而安。""不求有功，但求无过。"在遇到难题的时候他们首先想到的不是如何去解决，而是直接先说"我不行"。这些观念日积月累会变成他们的信念和对事物习惯性的看法，即使自己能力很强也害怕承担更多的责任，稍有挫折，立即自我安慰："成功是少数人的事，我没那种命。"久而久之，这种懦弱的想法渐渐地占据内心，使他们失去向上拼搏的念头与勇气。

在心理学上，人的这种想法被称为“自我暗示”。自我暗示是人类独有的心理活动，自我暗示直接影响人们的言论和行为。自我暗示就是自动暗示，它是人的心理活动中的意识、思想的发生部分与潜意识的行动部分之间的沟通媒介。它是一种启示、提醒和指令，它会告诉你注意什么、追求什么、致力于什么和怎样行动，因而它能影响甚至支配你的行为。

“我能行！”更多时候不是说给别人听的而是对自己说的，这种积极正向的自我暗示往往能够帮助个体完成一项比较困难的任务。积极暗示，能够对人的心理、行为、情绪产生一定的积极影响。从心理学角度分析，言语中的每一个词、每一句话，都是外界事物和生活现象的代表，在人的大脑中都有反映，对人体起着重要的启示作用。相反，如果一个人在未做之前就产生了怯弱，往往会对自己说：“怎么办？我不行的，真的不行！”结果几乎90%的事情真的不行，以失败告终！自我暗示的力量很强大，所以正确使用自我暗示可以影响和改变人生！

在生活中，我们需要受到别人的鼓励，同时，更要学会自己鼓励自己，也就是进行自我心理暗示，逐步培养自己的积极心态。

1. 停止自我诋毁

有内在自卑感的人总在不停地自我诋毁：“我不行，我不好看，我太倒霉了，我太不幸了，从小到大从没有人真的欣赏过我，这个世界上再不会有人爱我了……”根据你的遭遇，你开始的心理图像有一定的真实性，但因为你缺少积极的自我暗示，你的心理图像成了被动的、定型的相片挂在你心灵的墙壁上。试想，假如你每天一动不动地盯着一张愁眉不展的照片，怎么会有好心情呢？现在你的问题就是自己在自己的心里挂上了这么一张倒霉的照片。但不要忘了，你有自己的能动性，只要你想，你立即可以取下那张照片换上一张新的：开心的、快乐的、欢笑的，一旦你心里的照片笑起来，你也会跟着笑起来。

2. 感受自己的魅力

很多少年少女都羡慕电影明星的美丽、帅气，他们渴望自己也有明星的长腿大眼、热力四射。可上帝就是这般不公平，小气地连半点优点都没给你不说，还把那些惹眼的缺点装在了你的脸上，让你非但不愿照镜子，甚至羞于走在五彩缤纷的大街上。可你不要忘了，还有一种美丽是上帝公平恩赐的，就是创造的美丽。美丽也可以创造，一如世界上所有的神奇和财富。但你自闭多时，养成了自惭的习惯。不要紧，把现实的你看作“孩子”，把心里的你当作“孩子”的母亲，你马上会找到一种全新的感觉。因为母亲都爱自己的孩子，只有母亲能看到孩子的美丽，那是母爱的神奇，也是母亲赐予孩子的美丽。无怪心理学家说，一个健康的母亲可以让自己的孩子变成美丽的天使，也可以使TA变成丑陋的罪人。

3．重复定律

重复使最难的事情变得容易，重复是潜能开发的金钥匙。经常重复一种思想会产生信念，进而变得坚信不移。重复使最难的事变得容易，重复使鉴别力更敏锐，使潜意识工作更精确，我们自然而然地更加成绩卓著。

开水之所以能沸腾是因为不断重复加温的结果。如果烧到99℃就停止加温的话，它仍然只是温水而不是开水。生活中许多的广告都利用了重复的心理规律。

一句真理反复重复，一个好的表情反复重复，就在你的心理潜意识中输入一个程序。因此，要养成一个良好的习惯，就要掌握这一规律，那就是不断地自我暗示，不断地重复暗示。人们看书，往往重要的内容也只看过一两次，他们以为自己看过了，那些重要的知识却没能植入脑海中，过不久便已模糊不清了，这样吸收到的知识只能算是了解、知道，却很难运用到实际生活中。知道的不算，做到的才算。

作为一个渴望成功的人，你必须学会运用正面的自我暗示，进行心理重建。否则的话，过去留在你心中的印象，就会使你在生活的各个方面都陷入一种失败的行为模式。

让思维的专注成为习惯

在职场中一直流传着这样一句话："善于利用思维时间的人，可以无形中比别人多出很多时间，从而实际意义上能比别人多活很多年。"虽然时间对于每个人而言都是公平的，时间不会每天只给你24小时，而给其他人25小时或23小时，所以我们要比拼的就是对时间的利用度了。能够迅速进入专注状态，以及能够长期保持专注状态，是高效工作的重要习惯。这其实也是思维专注的习惯性，这种习惯成为自然后可以大大提高时间的利用度，从而实现办事的高效率。

生活中，很多人肯定都会有这样的一种体验，在原本平静的下午，隔壁的部门为了维护线路忽然传出"嗡嗡"的噪音，繁杂的环境下，你很难专注地完成手头上的工作。于是，在各种干扰下，你无意识地走了神，当你意识到自己停滞不前的现状，赶紧提醒自己回到刚才没忙完的事情。但过了一个小时，你像刚才一样又跑神了。只不过这次走神是因为，你忽然想到了前几天晚上的约会，在浮想联翩之中，自己本该运行的思维"跑偏"了。

这种情况造成的局面就是，我们表面上很忙，可是进度依旧停滞不前。

专家研究发现，专注的思维是可以操纵的，并且在经过自我培养之后，我们可以大大增强思维的专注度。

首先，我们要了解对待事物的偏好程度是保持专注度的重要因素。

这种高度集中的思维很容易出现在一个球迷身上，当一个球迷完全沉浸于世界杯小组赛各支球队的博弈时，只要他手握啤酒，眼盯屏幕，周围发生的一切他都可以做到浑然不觉。而要做到这一点，他无需竭力控制自己对于球赛专注的力度，此时的专注对于他来说其实是一件自然而然的事。这其中最大的原因莫过于他对于足球的偏好程度已达到“痴狂”程度，以致忽略了身边的干扰。

其次，保证大脑的“高速”运转是思维专注的保证。

大脑高速运转是什么感觉？你可以试着想一想考场上考试时间只剩5分钟时，你英语作文还没有写，这时监考老师从你身边走过，提醒全考场的人考试时间还有5分钟。听到这个消息你一改往日字斟句酌的写作习惯，脑袋像上满发条一样，不停地输送出一个又一个单词，让你运笔如飞。时间的紧迫感促使你的大脑调用你的所学所识，并且发挥得淋漓尽致！所以，请你仔细地回忆并记住当时的那种感觉，并且在日常事务中训练自己，尝试着引导大脑再次发挥出那种状态，在这种状态之下，你整个人上满发条似地调用自己的所有能量，一点点、一点点地将眼前的事务完结，发生本质上的改变后，一切最终轻松完成！

考场上时间的紧迫感迫使你的大脑高速运转，而我们不可能做任何事情时都把自己的时间掐得那么紧迫，而且在那样的情况下多次处理本可不用那么“赶”的事务后，你必然会对此疲惫不堪，甚至产生麻木感。所以，在你绷紧的大脑产生疲惫感之前，最好让专注性的思维成为你的习惯。听上去很难对不对？不妨先从下面几个简单的方法做起。

1. 选择更为简洁的办公软件

把自己的电脑桌面整理至最简洁的程度，举关于软件工作界面的一个例子：当你使用WPS，仅仅只是在进行文字书写时，你并不需要用到工具栏中的工具，让文字编辑页面全屏显示明显可以让自己的工作环境少了很多无关项，从而减少视图对于你的干扰。

2. 在非脑力活动的状态下进行脑力活动的训练

研究表明：多数人一边跑步一边用机械式相加的方法从1加到100，多次实验后，那些人发现自己对大脑的调用更为自然，特别是在没有其他非相关的负担（如跑步相对于计算）下，大脑的运转速度会相对更快。

3. 合理利用霍桑效应

霍桑效应起源于1924~1933年间的一系列实验研究，该实验研究最开始研究的是工作条件与生产效率之间的关系，包括照明度、湿度、工作压力等，最后发现由于作为实验对象的工人意识到自己正在被别人观察，他们具有了改变自己行为的倾向，由此工作效率得到了提高。在思维专注度的自我训练中，没有人可以对你进行定性的观察，可是你却可以有意识地告诉自己实际上是在进行一个自我训练的实验，这样当你感觉对操控自己似乎有点力不从心时，面对需要跨越的困难，想想这不正如你所愿吗？因为超越这一困难，你对自己的训练成效又将提升一层，这岂不更有意思？另外你要自我检查你的专注力度已经达到了一种什么样的程度，阶段性地审视自己的提升程度，你会有更大的动力去提升自我。

拒绝不必要的应酬，是在节省双方的时间

公司的年末酒会上，王强欣喜地得知自己将要升职，并离开深圳分部去往北京总部，为此，王强准备了很长时间。刚刚到北京上任的王强才安顿好，便感受到了来自同事的热情：上班第一天，老板设宴欢迎他的加入，宴会上王强没少喝酒，最后被同事送回了公寓；第二天，是公司全体高管为他接风，相互认识；而第三天，则是王强请公司中层吃饭，了解公司的情况；第四天，是陪老板接待朋友；第五天……

当时，王强把这理解为公司同仁对他的热情，可是后来发现这种酒局没完没了。公司里的酒局特别多，而经常是如果一个局上的主要人员有两个以上认识他，王强就会被邀请——甚至在酒局中途也被叫过去。而很多局，其实没有任何存在的意义。王强尽力去理解这种交际文化，并且为了不显得像个异类而尽量热情参与，结果就是疲惫不堪，完全失去了工作以外的休闲和充电的时间。

因不想破坏人际关系而顾虑重重，最终没能拒绝别人的请求，勉强答应，相信大家都有这样的经验。尽管体谅对方是十分重要的，但若只是一方一味迁就，这样的关系迟早也会破裂。短时间内也许还好，想要长时间

维持良好的关系，学会说“NO”是十分必要的。也许有人认为说“NO”就会令彼此间产生嫌隙，但其实高明的回绝方式并不会伤害对方。要想保持良好的人际关系，掌握一种既重视他人又重视自己的沟通方式显得尤为重要。

诚然，与人交往和帮助别人是重要的，尤其是主动的帮忙更会受到欢迎。但是，如果你是被某种心理压力所迫，才对一切都点头答应，实际上是在屈服于另一种性质的某些自我动机：例如需要得到别人的接受或赞扬；害怕给别人带来不快和麻烦；希望别人对你产生感激，有朝一日报答，等等。

懂得珍惜时间，就应该学会说“NO”。这里就有必要提醒二十几岁的你：当自己不是心甘情愿时，别害怕讲“NO”字。那么在什么场合应该说“NO”呢？

1．当别人所期待的帮助是完全出于他个人利益的考虑时

假如一个朋友打算请你深夜开车送他到机场，而你确信他可以“打的”去，而如果你去送他，不但影响一夜睡眠，还会影响次日安排，你就要考虑拒绝。当然，如果他是顺路想搭你的车，只是要你等他几分钟的话，你就应尽力帮忙。

2. 当有人试图让你代替完成其份内工作时

偶尔为别人替一两次班关系不大，如果形成习惯，别人就会对你产生依赖性，将这变成你义不容辞的义务。

3. 当别人纯属娱乐方面的邀请跟你的原定计划冲突时

你准备晚上写点东西或做点家务，朋友却邀请你去打牌，这时可考虑拒绝，如果是千里之外的朋友偶然来聚当然另当别论。

当然生活中的类似情况远不止列出的这些，总之，只要有可能给自己带来某些不方便，就要考虑说“NO”，除非因此会给别人带来更大的麻烦。也许你会说：“我何尝不想拒绝，但该怎样拒绝呢？”以下有几个建议：

1. 立即答复，不要使对方对你抱有希望

要打消为避免直接拒绝而寻找脱身之计的念头。请不要说“我再想想看”或“我看看到时候行不行”，等等，明确地告诉对方：“实在抱歉，这不行。”

2. 如果你想避免生硬的拒绝，就提出一个反建议

假如朋友打电话问道：“今天晚上去KTV吧！”你不想去，就可以说：“哎呀，今天晚上可不行，改日我邀请你吧？”

3. 不必每次都把理由说得特别具体

在很多时候，你只要简单地说一句：“我实在有更要紧的事要做。”就可得到绝大多数人的谅解。

对于那些取得巨大成功的人来说，他们都知道自己最宝贵的一项资产就是时间。在谈及保护自己这项重要资产时，巴菲特曾说过：“要是你不会拒绝，就没法管理自己的时间。你不能让别人支配你的人生。”

面对应酬，我们应该建立更正确的观念，过量应酬只会造成自己与别人的负担。同时尊重彼此是很重要的，不勉强别人，是每个人都该做到的，不勉强别人的同时也不要为难自己。

每个人个性不同，对于工作应酬也会有不同的观感与态度。但毕竟时间是有限的，大家都可能会碰到应酬与其他事情撞档的情况，所以不必太过勉强，很坦诚地把自己的困难说出来，相信可以获得大家的体谅。

欧美人很重视家庭及个人休闲的时间，工作与休闲，公司交际与家庭生活分得很清楚。在欧美职场上，“我想陪陪家人”是很常听到的一句话，不但完全不会影响别人对你的工作评价，更会因为你对家庭的责任感与归属感，而为你赢得加分。此外，基于安全理由，女性工作者面对应酬邀约，应该特别谨慎，时间、成员、地点等都是必须纳入考量的部份。

喝酒在应酬中是难免的活动，但如果你不胜酒力，或是酒后有可能失态，最好一开始就勇敢但婉转地说“NO”。不论是身体状况，或是开车都

是可以使用的理由。同时，在说明你无法喝酒的理由时，除了告知邀酒人之外，也最好让其他人听到，由在场其他人帮忙打圆场。当然身体健康是无可取代的，为了工作牺牲健康绝对不值得。再者，应酬与工作表现也没有直接关系。所以适可而止的应酬无可厚非，但超过自己负荷的应酬则大可不必。

排除上级的干扰

程雪是一家投资公司的文员。平时工作谈不上多忙，但也不算清闲，尤其是总经理换人之后，程雪更加感觉到每天上班对她来说是一种压力。因为现在的经理总爱乱指派工作，经理多次把一些不是程雪的工作交给她去做，而有的工作没有做好时她还经常被总经理训斥。这让程雪感到特别烦恼，到了年底的时候，程雪萌生了辞职的想法。

在职场中，来自上级的干扰，是最不好处理的，因为你很难拒绝你的上司。在必须拒绝上级提出的额外工作时，你只能委婉地表达出来，甚至还要担心上级会误会你想偷懒，不愿意做事。

一般来讲，来自上级的干扰往往是出于领导不能很好地体谅下属，或者其本人是一个令人讨厌的、喜欢把下属当作机器一样来使唤的人。

有这样一些领导，有着令下属感到很尴尬的习惯：一有客人来访，他就让下属同自己一起接待，即使在他与客人谈话时，他也要让下属坐在一旁，好像这样才能体现出自己的身份。

为了排除来自上级的干扰，不浪费时间，可以试一下下面的秘诀。

1．声明原则

利用各种环境不断重复你的主张：不喜欢被打扰，同时告诉别人该怎么做，比如一起吃饭或者打球的时候，故作随意并带有自责语气地说：“我这个人脑子笨，有个不好的习惯，干什么都特别害怕被打扰，一旦被打断，半天进入不了状态，所以一般不太着急的事儿，我都请同事给我发邮件。”这时候领导一般不会生气，说不定还会笑着说：“哎呀，我也是这样！发邮件倒是个好办法！”你不妨给老板看看关于“番茄工作法”的书，特别是“保护番茄”的部分，让你们有共同语言，和互相理解的基础。

2．保留协商的权利

在职场中，我们有个权利很容易被忽略，那就是协商的权利。

我们为老板打工，老板买了我们的时间，我们有责任提高效率，增加产出，这就是协商的基础，同事之间的协作也是一样。所以如果手头事情比较多，而老板又委托给你一些事情，对你造成“干扰”的时候，你可以协商说：“能否明天下班的时候给您结果？”

当然，协商的前提是你对自己的时间管理很有自信，因为事情不能一拖再拖，预估时间一定要准。同时协商的标准要统一，随时准备回答这样的问题：“为什么把这件事推后而不是那件事？”如果你不能给出准确的解释，你就可能被误解成消极怠工或效率低下。

3．完整收集，千万别忘

推迟处理一件事，和忘记处理一件事，这有质的不同。谁都不喜欢自己的事情被别人忘记，此时你需要通过协商把事情推后，消除掉干扰。但如果没有把这件事收集下来（写在备忘录里），那很有可能忘掉，到时候对方会怎么想呢？“嗯……这个人不靠谱！下次我交代给TA的事情一定要催得紧一点！”于是，你就更容易被干扰了。

4. 主动沟通

有些领导比较善变，交待任务之后又不断变化，让人头痛。面对这样的领导，你可以与他主动沟通，与之一起制定你的预计日程表。这样，领导清楚了你的工作安排，就不会再干扰你，打乱你的预定日程。

如果事情很急，推不掉，面对善变的领导而又不得不做时，那么当你做的事情有一点进展，你就通过邮件或者电话汇报，或许在这个时候他会想到新的指示给你，省得你埋头干了半天，结果因为他新的想法而前功尽弃。

5．提前做好计划

定期与上级接触，报告工作，询问他有无工作需要你去做。然后，你再把这些工作任务写入计划，这样就可以避免与来自上级的额外任务发生冲突。

6．随时汇报，之前找出解决问题的方法

如果一个项目牵涉到你领导的上级，注意，对此他会特别关注，并且希望能随时获悉事态进展的最新情况。永远不要向他隐瞒，如果存在问题，立即向他汇报。他要的是解决问题的方案，而不是麻烦。这并不是说你不能让他知道存在的问题，而是最好你同时也提出一到两个解决方案。

另外，如果你的老板不喜欢你，并且你也感觉到这一点了，那么你有责任去解决它。本质上来说，这不是你的错，但是是你的问题。如果老板明确地表现出不喜欢你，可能这也不是他的错，你必须找到方法消除他对你的偏见，否则你会很难开展自己的工作。你必须找到他喜欢的做事方式并且确保遵循他的套路，这不是要心眼，也不是权宜之计，而是你的职场情商修炼必经之路。

减少下级的干扰

霍磊成为公司的二把手已经3年多了，在亲戚朋友眼里，他每天的工作无非就是喝喝茶水、看看报纸，偶尔指导指导下属工作，隔三差五开个会就行。可现实中霍磊每天真正要做的却并不那么轻松：每天他刚一上班，办公室门口就会排着几个员工等着请示工作，刚听完一个下属汇报项目进展，又来一个确认展会流程。而且，说着说着电话可能又响了，刚跟重要客户聊完，又到了会议时间，在会上，主管们一个个提问题提要求，然后纷纷等待他拿出解决办法。

职场中，只要是领导，就存在被下级干扰的可能。一项工作的顺利完成需要有上级的授权和工作指导，以及下级的实干。否则，相互不能理解对方的观点和想法，就会走很多的弯路。

对于下级来说，不理解上级的意图，就要为一件事情反复地向上级请示汇报，因而会给上级的时间管理造成干扰。

作为上级，如果能够做到以下几点，就能减少许多来自下级的干扰。

1. 对下级不仅仅采取直接面谈的方式，你可以鼓励他们使用备忘录，在备忘录中简洁地写出想提的问题或者想法。这种备忘录让人看完就能立刻明白问题的核心，比起冗长的谈话要省时得多。

2. 每天在一个固定的时间段内解答下级的问题，以免他们随时向你请示汇报，打扰你的正常工作。

3. 不要在公司内来回溜达，到处闲逛。这样会让下级产生紧张的情绪，误以为你是在监督他们。

4. 对于下级的请示，要及时给予答复，态度明确，观点鲜明，以免下级不能领悟你的意图，而反复地向你请示。

5. 给下级充分的权力和相应的责任。如果你把权力全部抓在自己手上，那么就只能继续让下级打扰你，向你请示工作中的每一个小细节。

另外，在你静下心想要安心工作时，络绎不绝的来访者，也是打扰你正常工作的一个干扰源。有的客人来访之前，会主动预约，这是一个很好的习惯，你可以根据客人来访的时间，来确定自己的工作时间，并作好安排。然而不可避免的是，总有些客人喜欢不期而至，这样不仅打乱了你的时间安排，还有可能碰到你不方便的时候。例如你手头正有要紧事情在处理，或者身体不佳，可凡是想来拜访公司领导的人，不管是谁，他都是认为自己有一定理由的，是一定要找你面谈不可的，你也不方便不见或者敷衍待之。

这是一件很不公平的事情，因为你的时间不能因为来访者而延长。因此，在处理来访者的干扰时，总有一方会不满：要么是来访者占上风，你被迫挤出时间来听他想说的话；要么是你占上风，委婉地请来访者离开。

不管是哪一种结果，都不要做得过分，以免伤害感情。即使在你拒绝对方的来访时，也要不失礼貌。

对于提前预约的来访者，同样需要注意会谈的时间，尽量不要超过限定的时间。在与对方交谈时，要引导你们之间的谈话，不要偏离话题。当对方偏离话题时，你可以提一些问题把他引回刚才的话题。如果对方的谈话毫无逻辑，你也不必让对方硬要接受你的想法，而是想办法引导他的思维，使其意识到自己的谈话不合逻辑，从而达到较好的谈话效果。

你感到你们的谈话已无须持续或者预定时间快到了，而对方却还在磨磨蹭蹭地不想回去时，你可以采取一些方法暗示他。

1. 在你们谈话之前，托付另外的人，让其到规定的时间进来说，外面还有人等着。

2. 说一些总结性或结论性的话，使对方感到谈话的结果已经达到了。

3. 用闲话来代替正式话题，表示正式谈话内容已经结束。

4. 在谈话一开始，就告诉对方你们的谈话时限。或者在谈话接近尾声时，告诉对方你们谈话的时间有限，只能到此为止，下次再谈。

5. 在谈话时，用闹铃定时，预定的时间一到，你的闹铃就响了，使对方注意到你们的会面时间结束了，他也就不好意思再继续聊下去。

6. 在谈话时，看着手表或挂钟，显出焦急的样子。

要记住，假如你一次会面谈话浪费5分钟，一天和6个人见面的话，一周就要浪费两个半小时！事实上，对于一个优秀的时间管理者来说，不能轻易地浪费一刻宝贵的工作时间，在面对这种情况时，要积极采取策略。相信当你给予足够明显的暗示之后，对方一定会很知趣地告辞，如果对方是个有涵养的人，TA也会对你如此珍惜时间留下深刻印象，并会理解你、支持你和欣赏你的。